Konstruktionsaufgaben für den Maschinenbau

Einführung des Studierenden in die Praxis des Gestaltens

Von

Dipl.-Ing. Walter Beinhoff

Hamburg

160 Aufgaben
mit zahlreichen Lösungen
und 300 Figuren

Springer-Verlag

Berlin / Göttingen / Heidelberg

1950

ISBN-13: 978-3-540-01449-2   e-ISBN-13: 978-3-642-87221-1
DOI: 10.1007/978-3-642-87221-1

Vorwort.

An den Ingenieurschulen und technischen Hochschulen ist es vielfach üblich, den Studierenden ohne genügende Vorbereitung vor verhältnismäßig große und schwierige Konstruktionsaufgaben zu stellen. Ungeübt und bar jeder Erfahrung im Gestalten kann der Schüler diese Aufgaben ohne weitgehenden Gebrauch von Vorlagen nicht lösen. Ein Sichanlehnen an fertige Zeichnungen des zu bauenden Gegenstandes wird sich natürlich nie vermeiden lassen, und der Studierende soll für die Durchführung seiner Zeichnungen alle Hilfsmittel benutzen, die ihm in Literatur und Praxis zur Verfügung stehen. Was aber auf das strengste verpönt und verboten sein sollte, ist die sklavische Nachahmung der Vorlage, kurz gesagt, das gedankenlose Abzeichnen. Der junge Mensch soll lernen, gestützt auf die Erinnerungen an sein Werkstatterleben und auf die in den Vorlesungen gewonnenen Erkenntnisse, den Dingen aus eigenem Gestalt zu geben, also schöpferisch tätig zu sein. Das ist es ja, was den Ingenieur als solchen kennzeichnet.

Die Fähigkeit, selbständig zu gestalten, läßt sich am besten entwickeln und pflegen, wenn man den Ingenieurschüler allmählich an Hand von zunächst ganz einfachen Aufgaben in die Technik des Formgebens hineinwachsen läßt.

Die vorliegende Aufgabensammlung ist so aufgebaut, daß der Studierende zwanglos von der Konstruktion eines Schmierlochdeckels über Probleme stetig zunehmender Schwierigkeit zu größeren Konstruktionsarbeiten aufsteigt. Es ist dabei auf das Berechnen von Abmessungen bewußt verzichtet (wichtige Maße sind jeweilig gegeben); die Aufgaben sollen reine Gestaltungsübungen bieten.

Die Beigabe von Lösungen, die später vollständig gegeben werden, macht es dem selbständig arbeitenden Ingenieurschüler möglich, seine Ergebnisse zu kontrollieren und zu beurteilen. Es liegt in seinem eigensten Interesse, die Lösungen erst dann anzusehen, wenn *sein* fertiges Ergebnis vorliegt. Hier muß die Absicht, Eigenes zu schaffen, die Bequemlichkeit überwinden und den Berufsstolz zur Geltung verhelfen.

Die Blätter sind nicht für den Selbstunterricht bestimmt. Ihre Bearbeitung setzt die Hilfe des Lehrers voraus. Schon die Vielfalt der Lösungsmöglichkeiten zwingt zu geregeltem Unterricht. Es empfiehlt sich, schon im ersten Semester, vielleicht in Anlehnung an die darstellende Geometrie, mit diesen Übungen zu beginnen. Die Kenntnis der Projektionsgesetze bringt der Studierende von der Berufsschule her mit.

Die Lösungen der Aufgaben nur skizzenhaft durchzuführen, kann nicht empfohlen werden. Wohl empfiehlt es sich, die Lösung*idee* zunächst in Gestalt einer freihändigen Skizze zu Papier zu bringen. Das Endergebnis muß immer die bis ins einzelne werkstattgerecht ausgeführte Zeichnung sein. Wo an den Gegebenheiten Änderungen für notwendig erachtet werden, sind sie zulässig.

Der Studierende möge sich immer bemühen, Eigenes zu Papier zu bringen. Es ist nicht so wichtig, daß seine Ideen immer technisch richtig und ausführbar sind, als daß er schöpferisch tätig ist. Was falsch ist, wird ihm sein Dozent sagen. Von besonderer Wichtigkeit ist es, daß der Studierende beim Konstruieren stets die wirtschaftlichen Belange im Auge hat. Beste Zweckmäßigkeit der Ausführung soll mit geringstem Aufwand an Mitteln (Werkstoff, Werkzeug, Vorrichtungen, Inanspruchnahme des Facharbeiters) erreicht werden.

Aufgaben der Sammlung, die nicht mehr ganz dem letzten Stande der Technik entsprechen, mögen um ihres Lehrwertes willen hingenommen werden.

Der Verfasser gibt sich der Hoffnung hin, daß die vorliegende Sammlung von Konstruktionsaufgaben bei der Ingenieurerziehung eine Lücke ausfüllen wird. Er wird für Anregungen und Verbesserungsvorschläge aus dem Kreise der Lehrer und Schüler und aus der Industrie stets dankbar sein.

Die Herren Ingenieure *Reibeholz*, *Heinze* und *Heidenreich* haben freundlicherweise bei der Schaffung der Lösungen mitgewirkt. Ihnen sei an dieser Stelle verbindlichst gedankt. Besonderen Dank schulde ich dem Springer-Verlag, der keine Kosten gescheut hat, das Buch erstklassig auszugestalten.

Hamburg, im Dezember 1949.

Walter Beinhoff.

Inhaltsverzeichnis.

Aufgabe: **Lösung:**

Erster Teil.

Aufgaben.

1. Büchse, Führungsplatte und Wellenstück mit Gleitfeder.

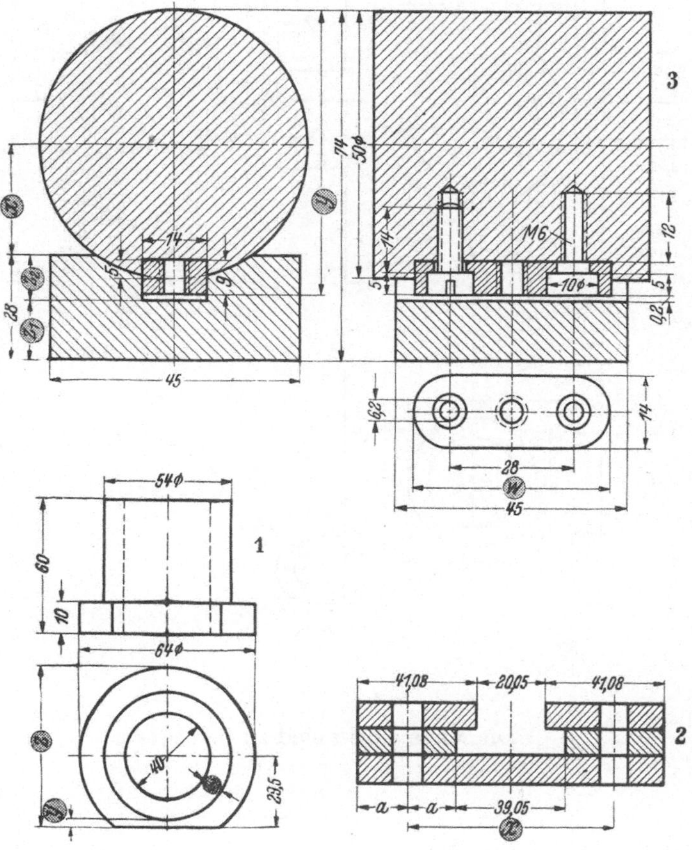

1 Büchse. 2 Führungsplatte. 3 Wellenstück mit Gleitfeder.

Die eingeschatteten Maße w bis z sind zu berechnen.

Diese Art Aufgaben sind an den Anfang der Sammlung gestellt, weil sie auf den Kenntnissen des Berufsschülers aufbauen. Die Berechnung der verlangten Maße zwingt zur Vertiefung in die Zeichnung. Die Aufgaben sind also weniger eine Übung im Rechnen als eine solche im Zeichnunglesen.

2. Gelenkstück.

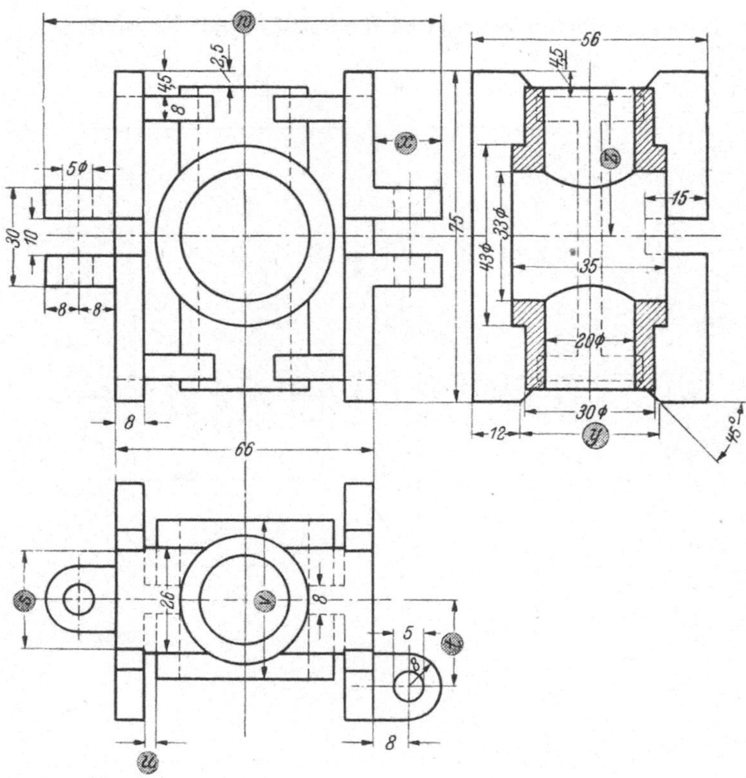

Die Maße *s* bis *z* sind zu berechnen.

3. Schraubenverbindungen und Kurbelzapfen.

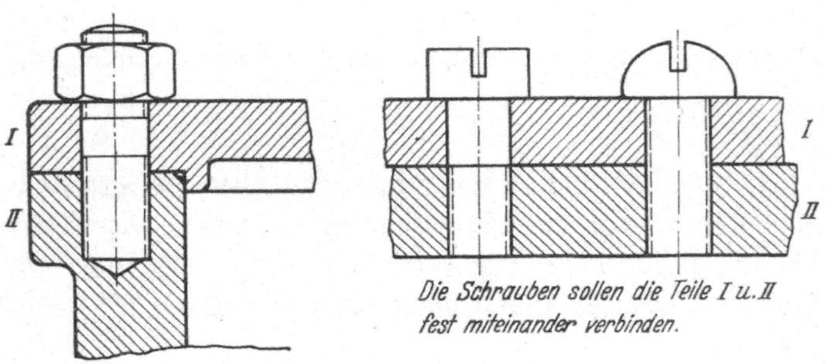

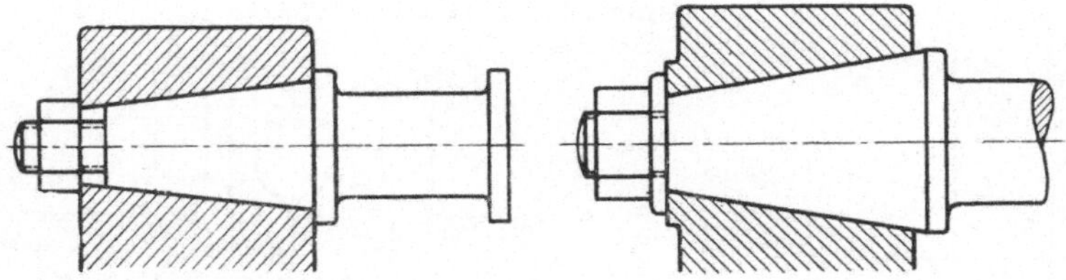

Die Skizzen enthalten grobe sachliche Fehler; sie sind aufzufinden und richtigzustellen.

4. Führungsplatte, Flansch und Hutmutter.

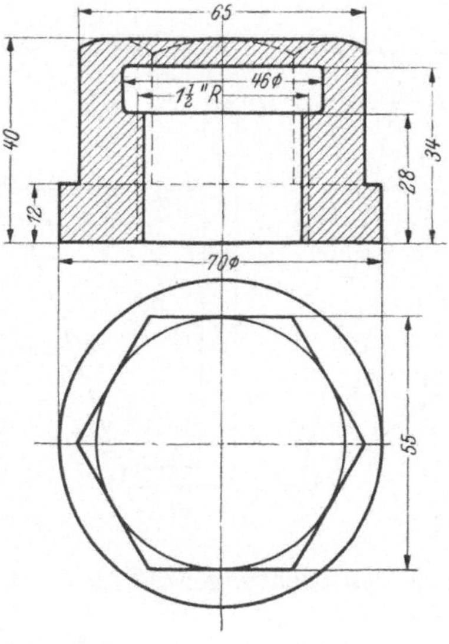

1 Führungsplatte.

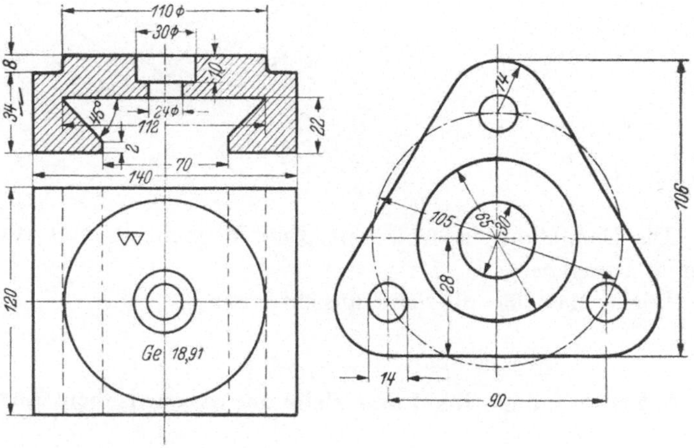

2 Flansch.

3 Hutmutter.

Die Skizzen enthalten Über-
bestimmungen und Maßfehler.
Sie sind richtigzustellen.

5. Prismenstück und Untersatz.

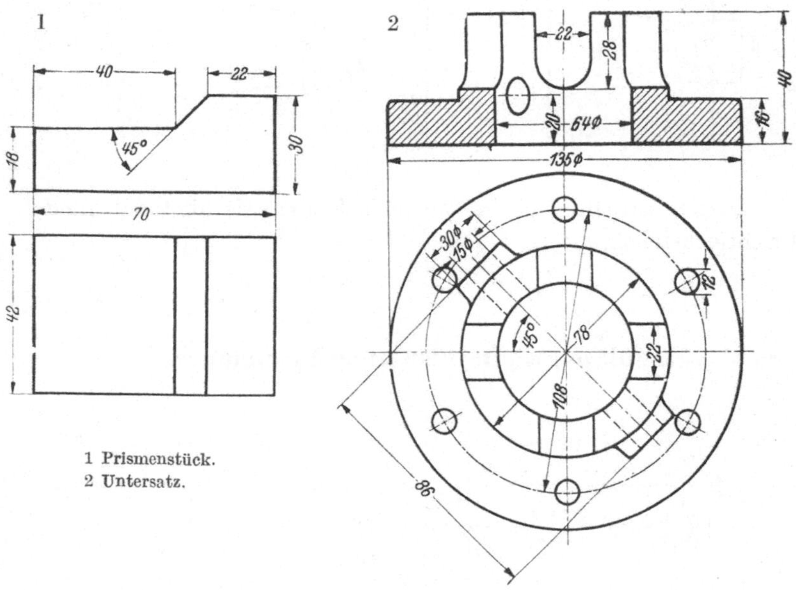

1 Prismenstück.
2 Untersatz.

1 Die Darstellung ist fehlerhaft. Eine Möglichkeit ihrer Richtigstellung ist anzugeben.

2 Wie 1. Man füge die Seitenansicht hinzu.

6. Verkleidungswinkel und Welle mit exzentrischem Zapfen.

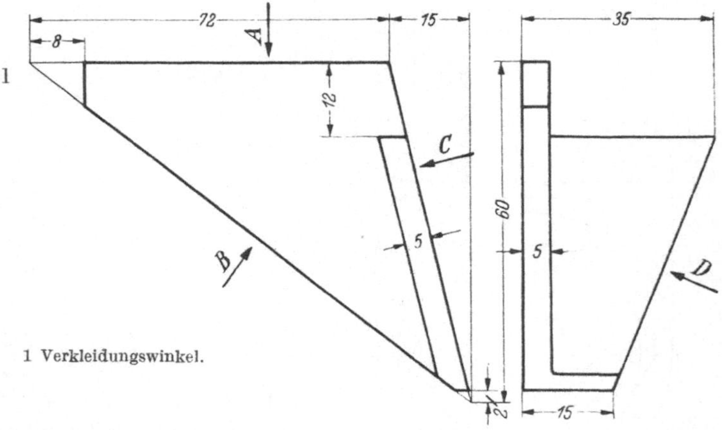

1 Verkleidungswinkel.

Zu zeichnen sind die Ansichten in den Richtungen A; B; C; D.

2 Welle mit exzentrischem Zapfen

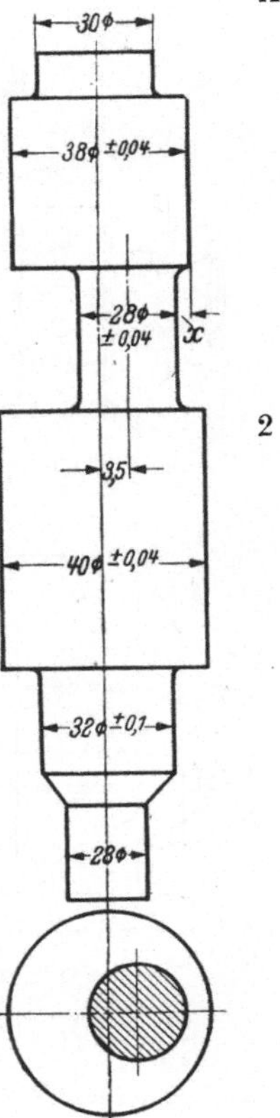

Das Maß x ist zu berechnen.

7. Schieber.

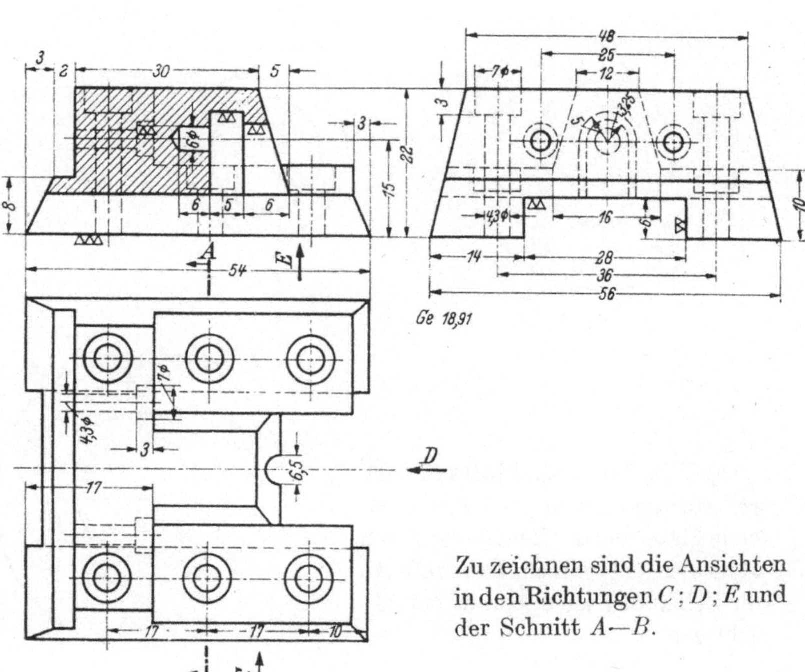

Ge 18,91

Zu zeichnen sind die Ansichten in den Richtungen C; D; E und der Schnitt $A—B$.

7

8. Lümmel mit Hals- und Spurlager.

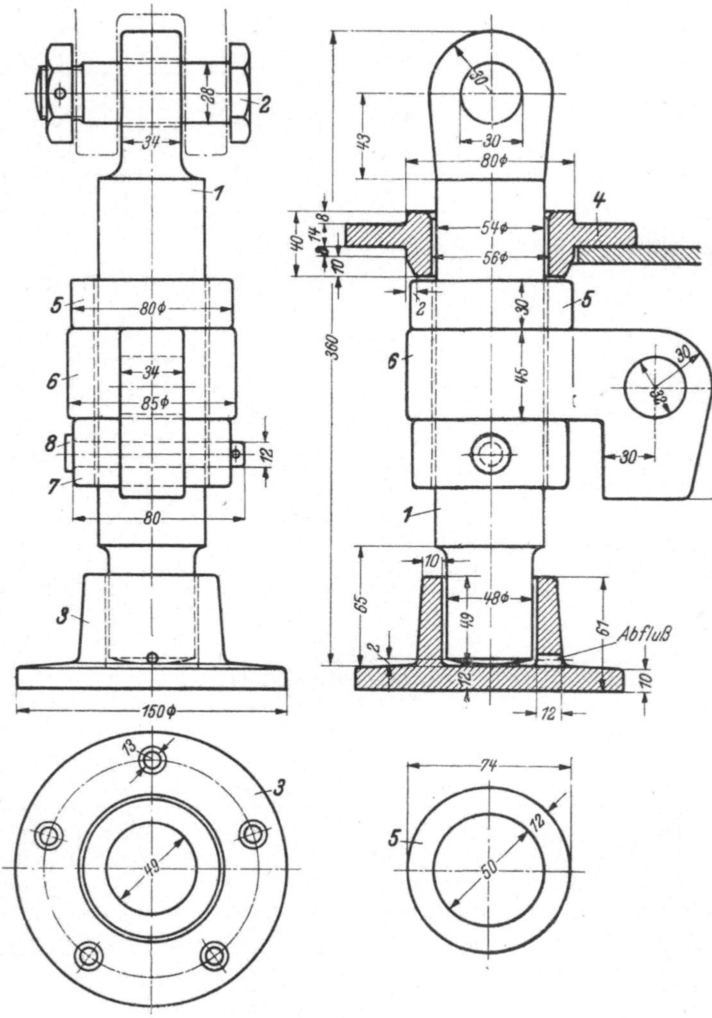

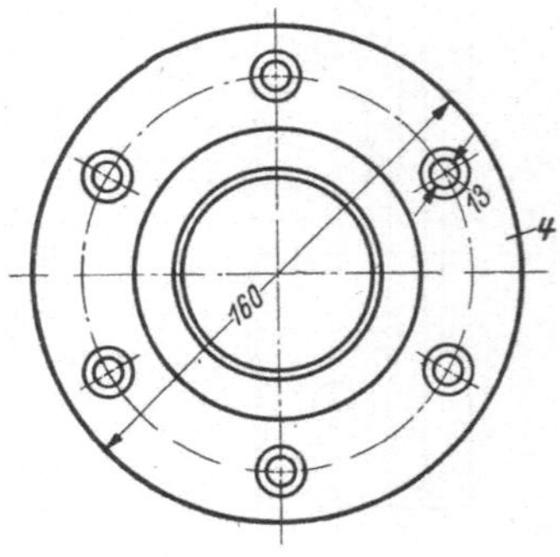

Die Teile *1* bis *6* sind jedes für sich werkstattgerecht darzustellen. Fehlende Maße aus der Zeichnung durch Abmessen entnehmen. Der Maßstab der Zeichnung ist dabei zu berücksichtigen.

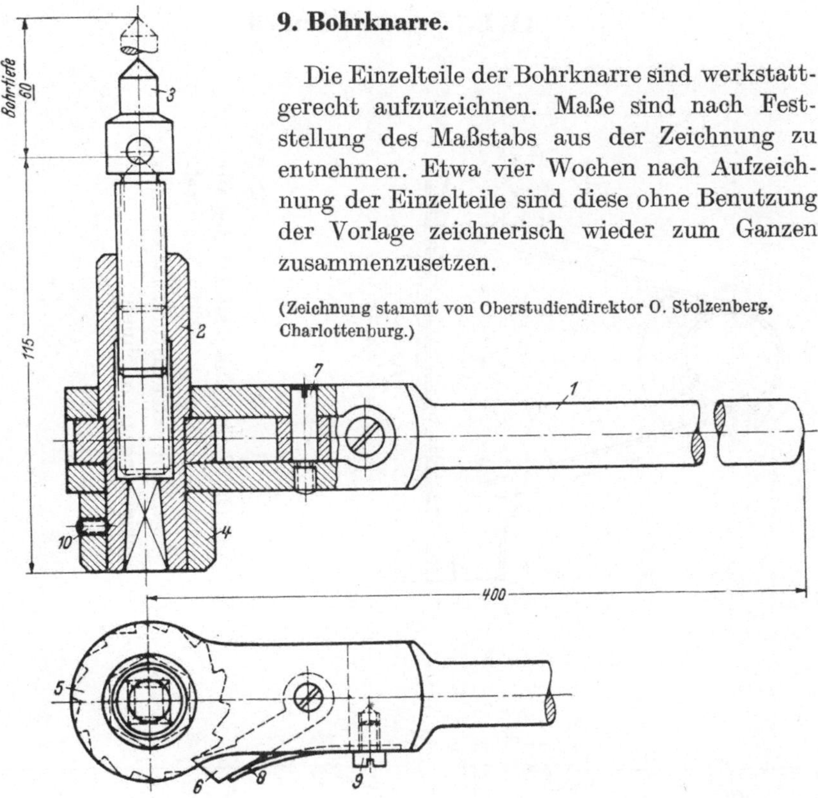

9. Bohrknarre.

Die Einzelteile der Bohrknarre sind werkstattgerecht aufzuzeichnen. Maße sind nach Feststellung des Maßstabs aus der Zeichnung zu entnehmen. Etwa vier Wochen nach Aufzeichnung der Einzelteile sind diese ohne Benutzung der Vorlage zeichnerisch wieder zum Ganzen zusammenzusetzen.

(Zeichnung stammt von Oberstudiendirektor O. Stolzenberg, Charlottenburg.)

10. Kohlenschütte.

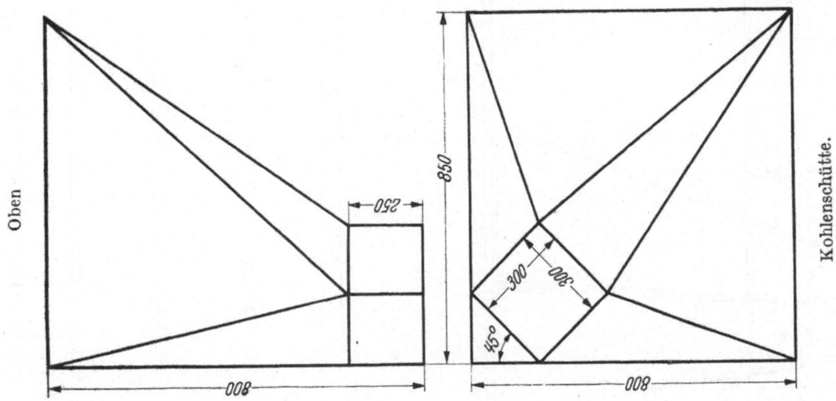

Den beiden gegebenen Ansichten ist die Seitenansicht beizufügen, und die Abwicklung ist zu zeichnen.

(Aufgabe wurde gestellt bei der Aufnahmeprüfung in das Berufspädagogische Institut Charlottenburg.)

11. Leichtmetall-Bauteil.

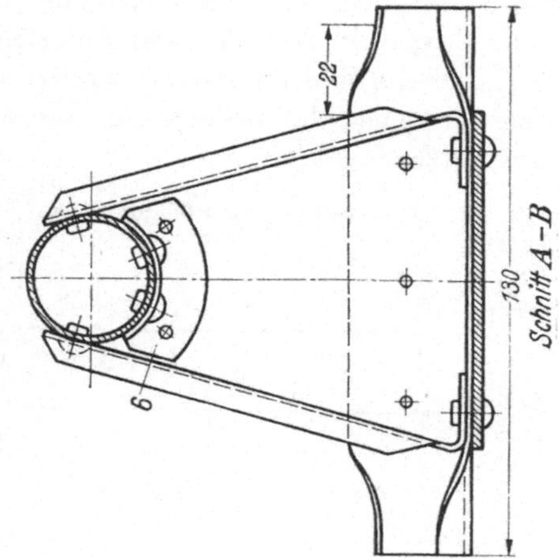

Die Teile *1* bis *6* sind jedes für sich werkstattgerecht darzustellen. Von jedem Stück ist die Abwicklung zu zeichnen.

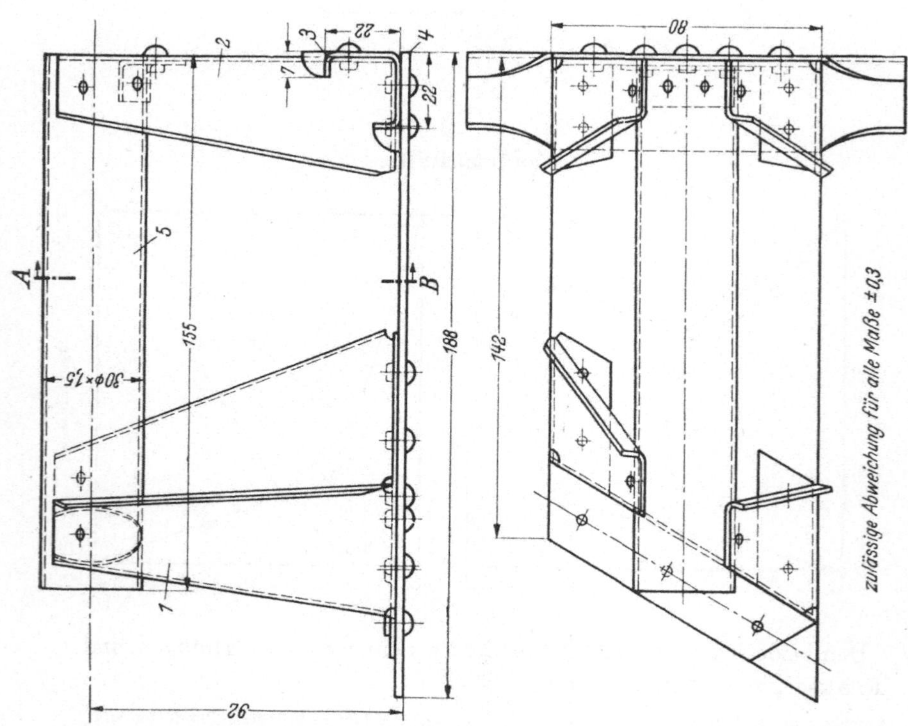

12. Rohrleitung.

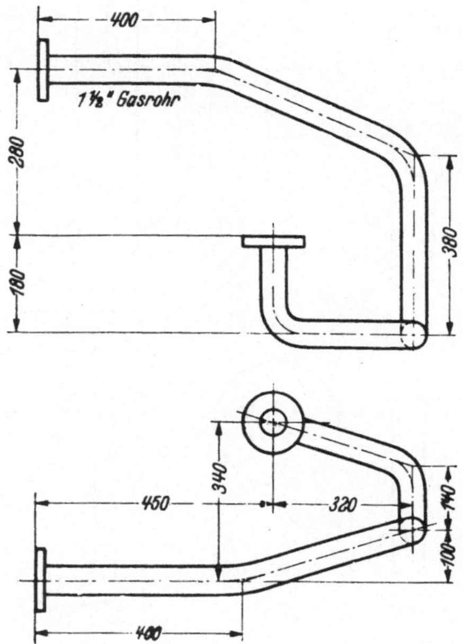

Die Seitenansicht des Rohrstranges ist zu zeichnen.

13. Verschiedene Gegenstände.

Es sind nach dem Gedächtnis darzustellen:

1. Kesselniet 22 $\varnothing$
2. Durchsteckschraube 1″, 100 lg.
3. Stiftschraube $^3/_4$″, 70 lg.
4. Kopfschraube M 10, 50 lg.
5. Flügelmutter $^3/_4$″
6. Anschlagwinkel $^{100}/_{200}$ mm Schenkellänge
7. Windeisen mit 3 Vierkantlöchern $^1/_4$″, $^3/_8$″, $^1/_2$″
8. Handmeißel, Kreuzmeißel
9. Taster
10. Handhammer
11. Spitzbohrer für Loch 30 $\varnothing$
12. Amboß
13. Schraubzwinge
14. Drehherz für 45 mm größten $\varnothing$
15. Mitnehmerscheibe
16. Durchstechstahl
17. Roststab
18. Feuerzange, Kneifzange
19. Englischer Schraubenschlüssel
20. Schrupp-Drehstahl
21. Schublehre
22. Feilkloben

14. Schraubenverbindungen und Lager.

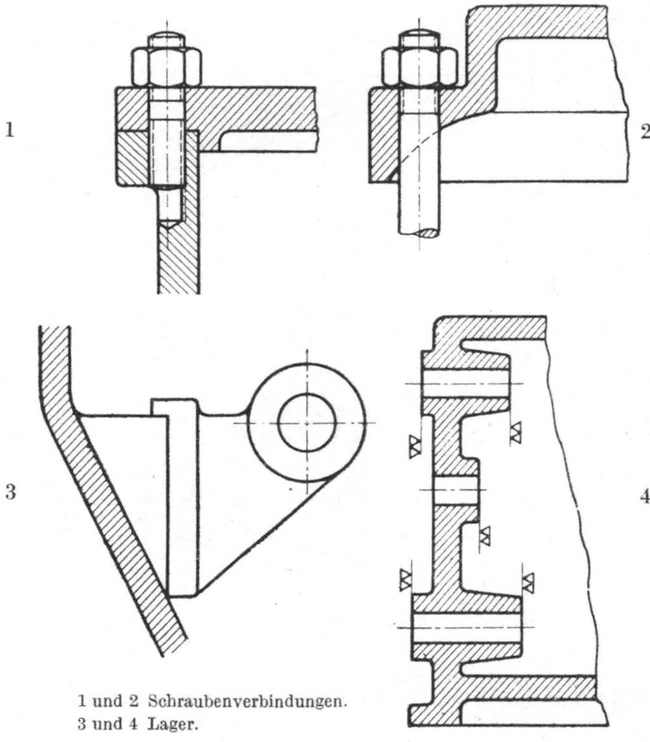

1 und 2 Schraubenverbindungen.
3 und 4 Lager.

Die Skizzen enthalten Konstruktionsfehler. Sie sind aufzufinden und richtigzustellen.

15. Flanschenrohr, Lagerbock und Hebeöse.

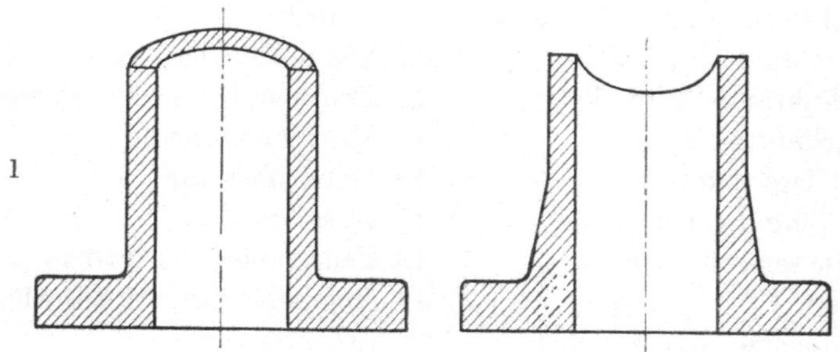

Welche der beiden Ausführungen ist die richtigere? Begründung.

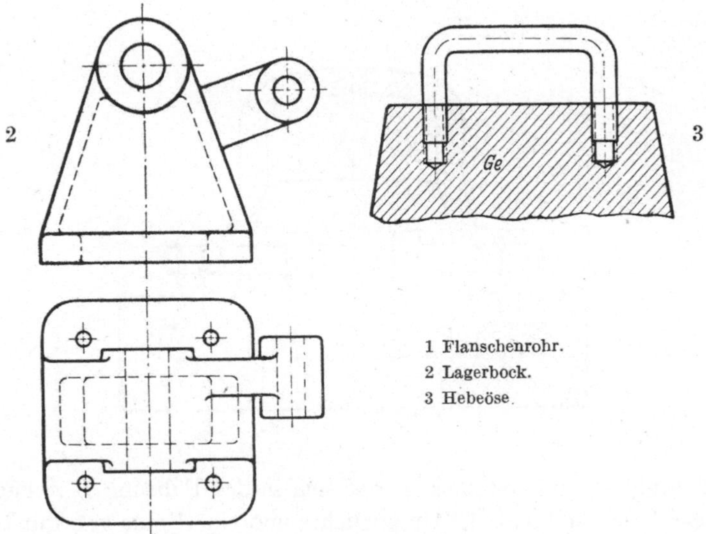

Lagerbock. Welche Konstruktionsänderungen sind für diese Zeichnung vorzuschlagen?

Hebeöse. Welche Herstellungsschwierigkeit steckt in der Zeichnung? Wie ist sie zu überwinden?

16. Säulenklemme.

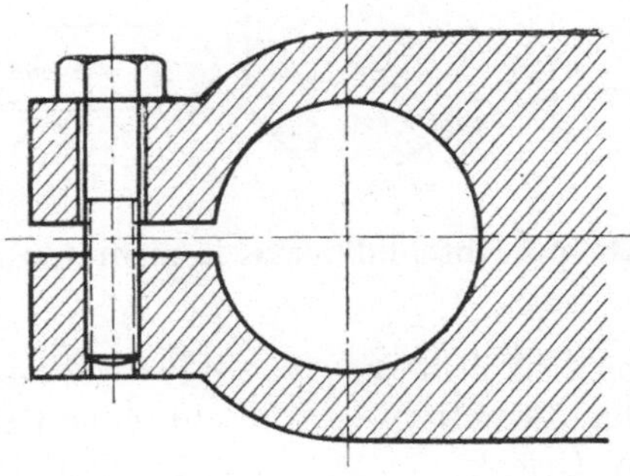

Was ist an dieser Zeichnung zu beanstanden?

17. Stößel in Führung.

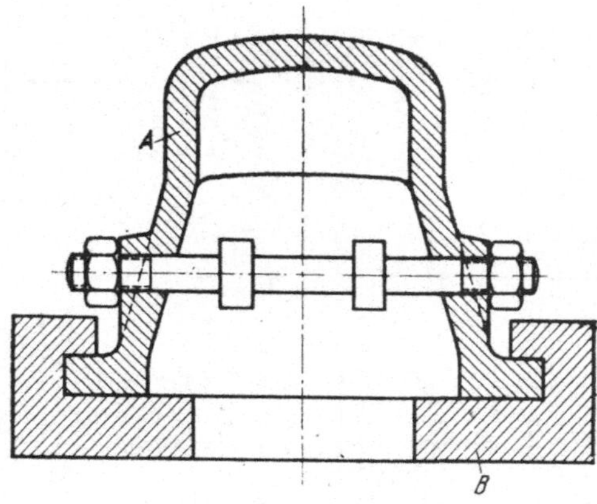

Die Skizze eines Stößels A, der sich in der Führung B zwanglos bewegen lassen soll, enthält Unmögliches und eine Reihe von Punkten, die zu beanstanden sind. Sie ist verbessert wiederzugeben.

18. Ölkelch.

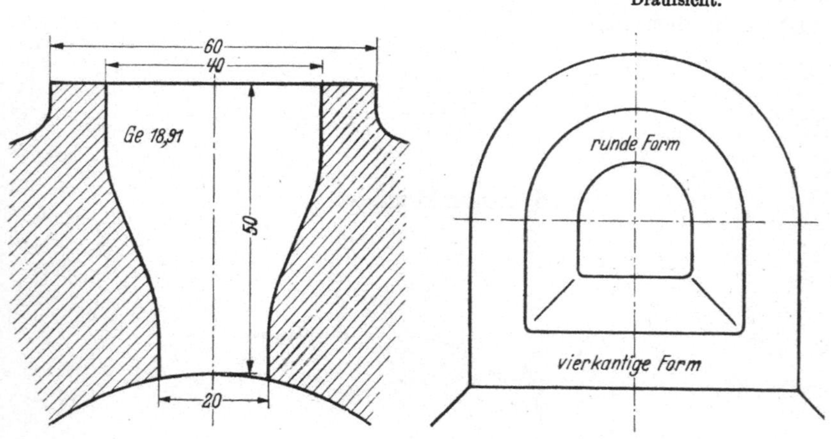

Für den Ölkelch sind Abschlußdeckel in mehreren Ausführungsformen zu konstruieren.

a) für runde Kelchform
1. ohne Gelenk
2. mit Gelenk;

b) für vierkantige Kelchform
1. ohne Gelenk
2. mit Gelenk.

Für die Öllochdeckel mit Gelenk ist der Rand des Ölkelchs entsprechend zu gestalten.

19. Gelenkverbindung.

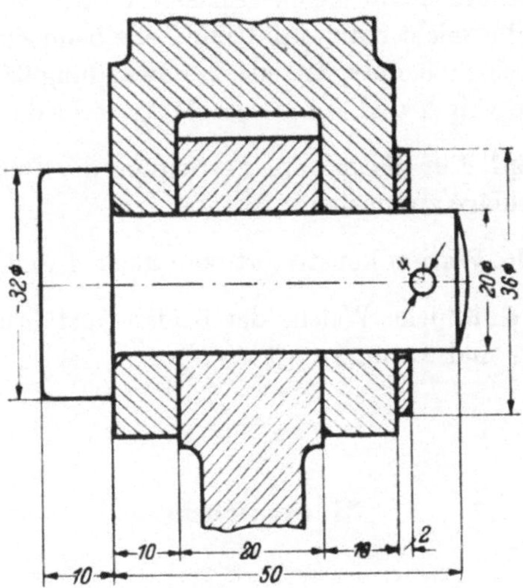

Der Bolzen soll in der Gabel festsitzen. Für seine Sicherung gegen Drehung sind mehrere konstruktive Möglichkeiten anzugeben.

20. Gußeiserne Säule auf Untersatz, Lagerschale, Stangenkopf und Fuß eines Gußstücks.

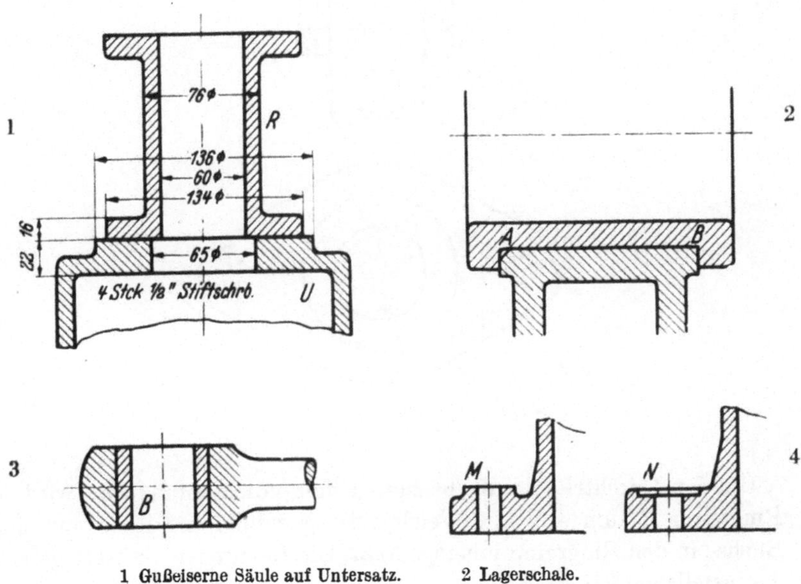

1 Gußeiserne Säule auf Untersatz.
3 Stangenkopf.

2 Lagerschale.
4 Fuß eines Gußstücks.

1. Gußeiserne Säule. Säule R und Untersatz U sollen ohne Ausrichtarbeit beim Zusammenbau gleiche Achse erhalten. Durch welche Konstruktionsmittel erreicht man, daß beide Teile beim Zusammenbau ohne weiteres zentrisch zueinander sitzen? Lochwandung 65 $\varnothing$ ist bearbeitet. Die Verbindung von R und U ist werkstattgerecht darzustellen.

2. Stangenkopf. Für die sichere Festlegung der Büchse B sind konstruktive Vorschläge zu machen.

3. Lagerschale. Warum konstruiert man nach A und nicht nach B?

4. Fuß eines Gußstücks. Welche der beiden Ausführungen (M oder N) ist die richtigere und warum?

21. Stopfbüchse.

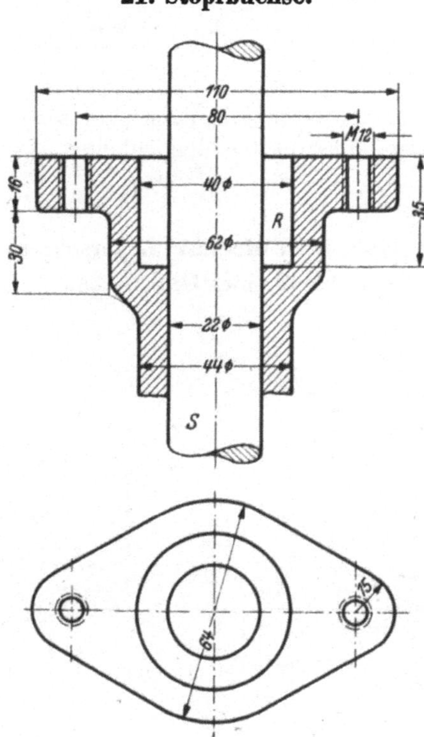

Um den Durchtritt der Kolbenstange dampfdicht zu machen, wird der Ringraum R zum Teil mit Weichpackung gefüllt und diese mit einer Büchse in den Ringraum hineingepreßt. Die Büchse ist werkstattgerecht darzustellen.

22. Ventilspindel.

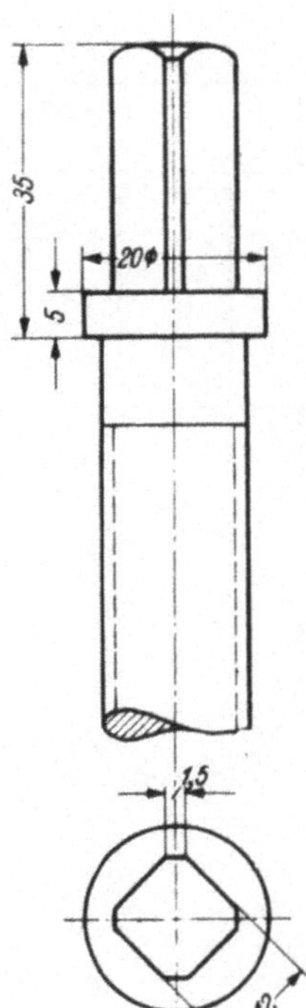

a) Auf das Vierkant soll eine Kurbel, 100 mm lang, aufgesteckt werden. Sie ist werkstattgerecht darzustellen.

b) An Stelle der Kurbel ist ein Handrad, 200 mm ⌀, für die Betätigung der Ventilspindel zu konstruieren.

c) An Stelle des Vierkants sind andere Möglichkeiten der Befestigung des Handrades auf der Spindel anzugeben.

23. Schraubenverbindung.

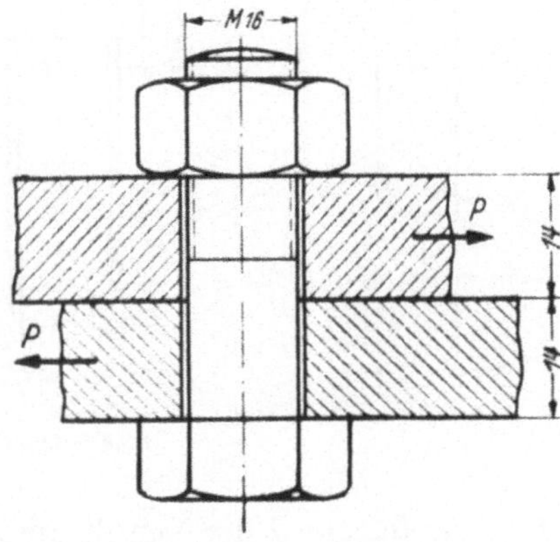

Die Schraube soll keine Scherkräfte aufnehmen. Die Verbindung ist dementsprechend auszuführen.

24. Stangenkopf.

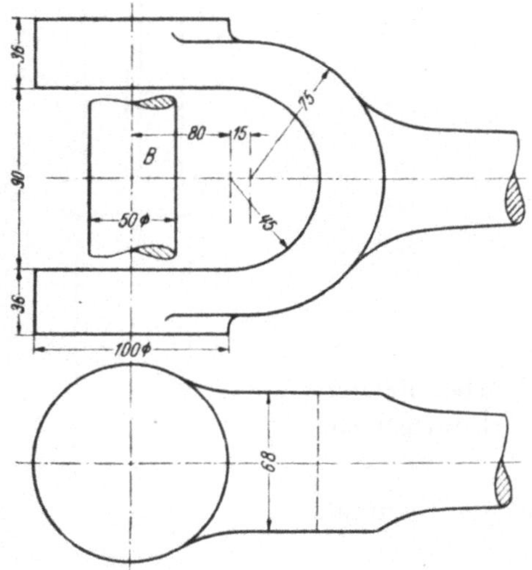

Der Gelenkbolzen ist so zu konstruieren, daß er im Pleuelkopf festsitzt, also sich weder drehen noch axial verschieben kann. Es sind mehrere Ausführungsarten anzugeben.

25. Überwurfmuttern.

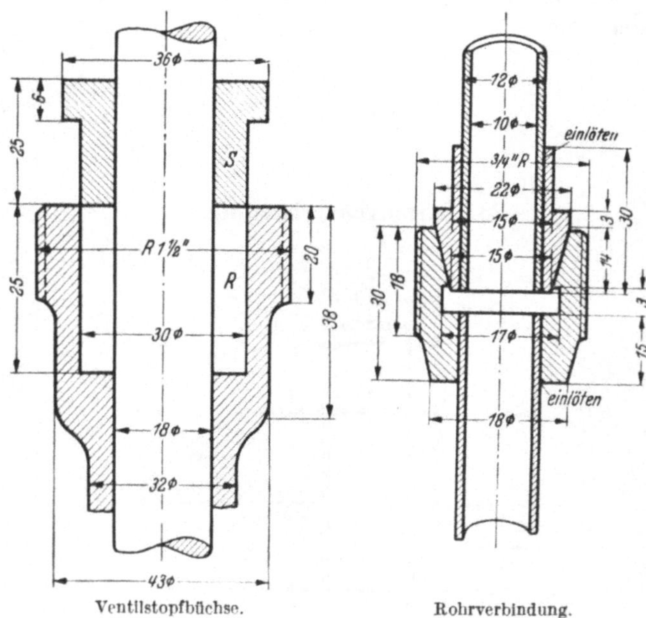

Ventilstopfbüchse.　　　　Rohrverbindung.

Für das Einziehen der Büchse S der Ventilstopfbüchse in den Ringraum R ist eine Überwurfmutter zu konstruieren.

Entsprechend ist das Verbindungsorgan der Rohrverbindung zu gestalten. Ausführung der Zeichnungen werkstattgerecht.

26. Riemenscheibennabe.

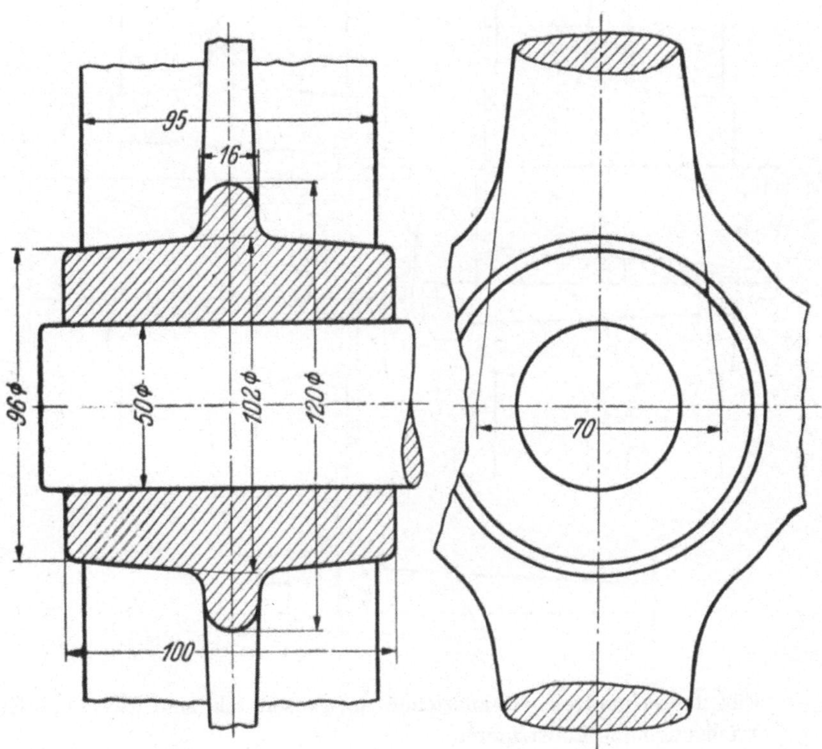

Die Skizze zeigt die Nabe einer Riemenscheibe. Es sind werkstatt- und normgerecht zu zeichnen:

    a) ein Nasenkeil dazu,

    b) eine Paßfeder dazu,

    c) Welle und Nabe mit eingelegtem Nasenkeil,

    d) die fertige Riemenscheibe 600 ∅.

27. Riemenscheibennaben mit Nasenkeilen.

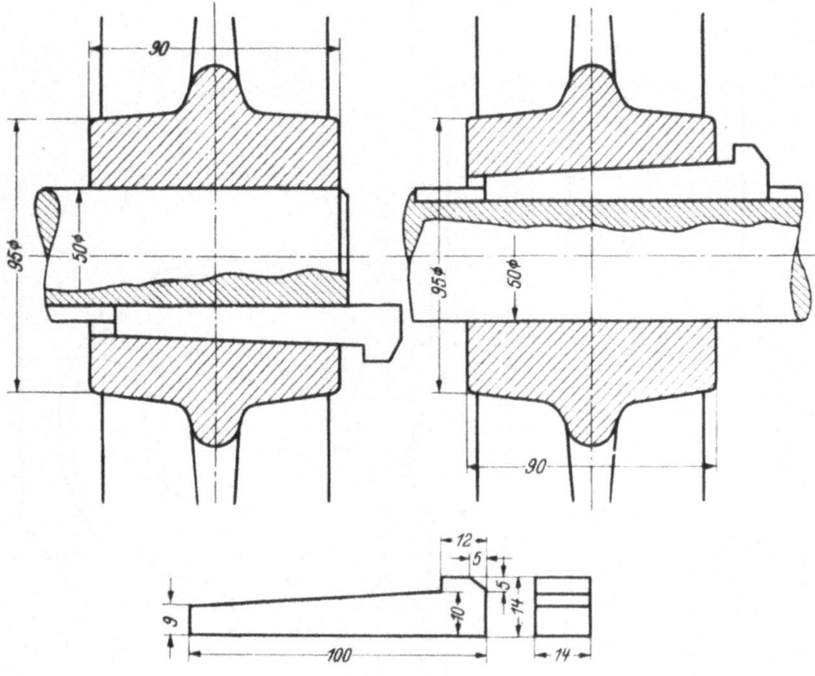

Für das schlagfreie Herausziehen der Nasenkeile sind zweckmäßige Vorrichtungen zu konstruieren.

28. Spannpatrone.

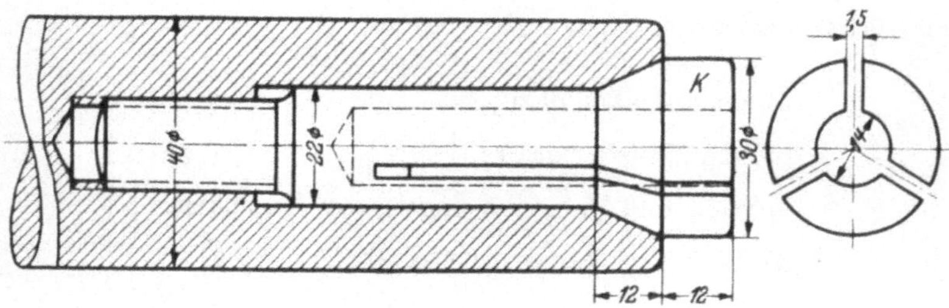

Die Spannpatrone dient zum Einspannen von Bohrern an einer mehr-spindligen Bohrmaschine. Die Patrone soll mittels eines Schlüssels, der auf den Kopf *K* gesteckt wird, in den Hohldorn hineingeschraubt werden und damit den Bohrer festspannen.

Für die Gestaltung des Kopfes *K* und des zugehörigen Schlüssels sind mehrere Möglichkeiten anzugeben.

29. Zylinder mit Deckel.

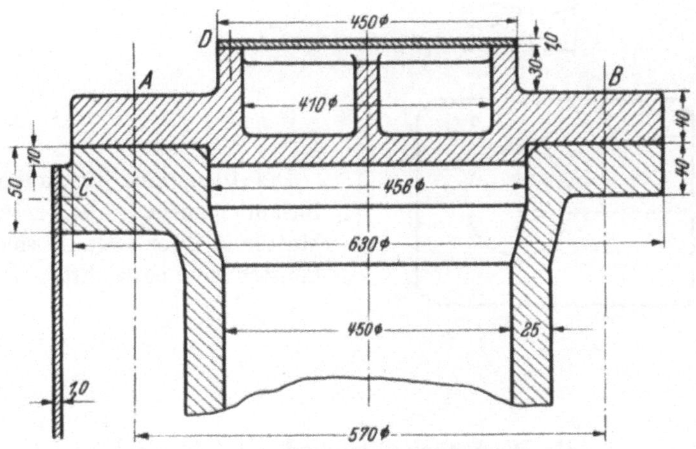

Es sind einzusetzen:

> bei *A* eine Stiftschraube M 22,
>
> bei *B* eine Durchsteckschraube M 22,
>
> bei *C* eine Kopfschraube M 8 mit Halbrundkopf,
>
> bei *D* eine Kopfschraube M 8 mit zylindrischem Kopf.

Ausführung der Zeichnung werkstattgerecht.

30. Festspannung einer Schraube.

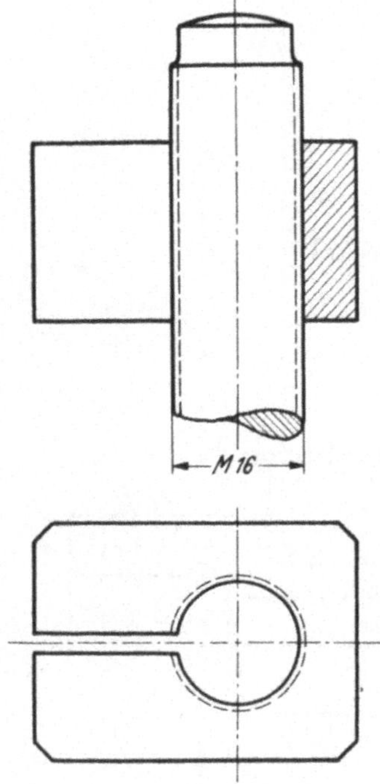

Die Idee, eine Schraube durch Zusammenziehen der geschlitzten Mutter in ihrer Lage zu sichern, ist konstruktiv auszuführen.

31. Werkstückstütze und Vorrichtungsfüße.

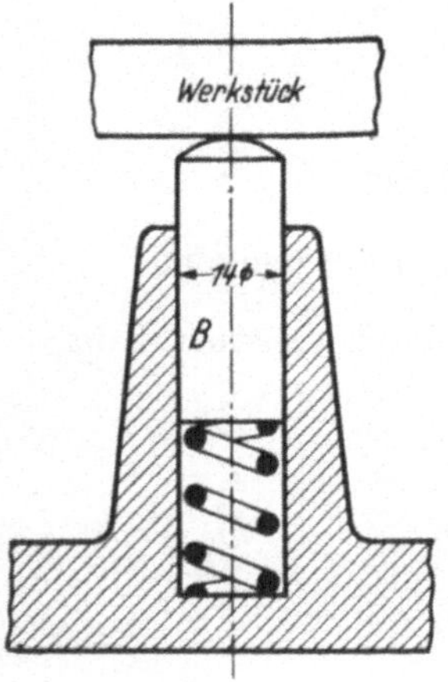

a) Wenn ein zu bearbeitendes Werkstück in mehr als 3 Punkten unterstützt werden muß, so sind die übrigen Stützen entsprechend der Skizze einstellbar zu machen. Für die Festlegung des Bolzens B nach der Einstellung sind Vorschläge zu machen.

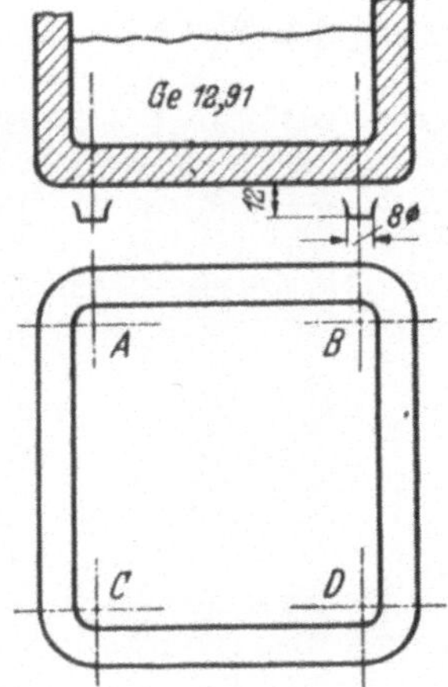

b) Der Vorrichtungskörper soll an den Stellen A, B, C, D mit Stahlfüßen, wie angedeutet, versehen werden. Ein Fuß ist werkstattgerecht darzustellen.

32. Normalprofile.

Aus dem Gedächtnis sind aufzuzeichnen:

a) Das Profil eines gleichschenkligen Winkelstahls ∟ 80 · 80 · 10,

a) das Profil Ⲓ 10,

c) das Profil ⊏ 8,

d) das Profil einer Eisenbahnschiene.

33. Welle.

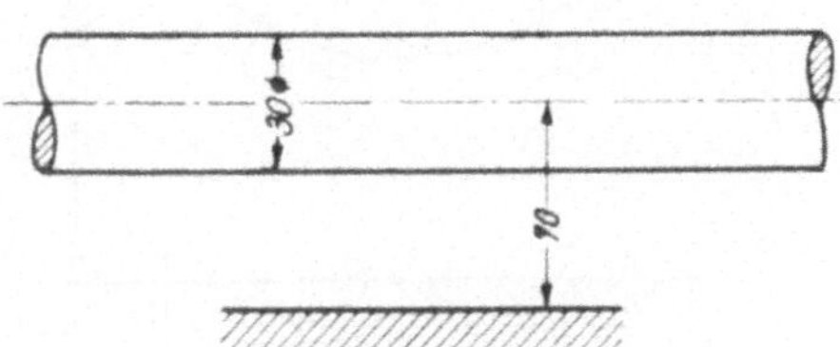

Für eine wenig belastete Welle 30 ⌀, die in der Minute 60 Umdrehungen macht, ist ein einfaches gußeisernes Lager zu entwerfen. Ausführung werkstattgerecht.

34. Welle.

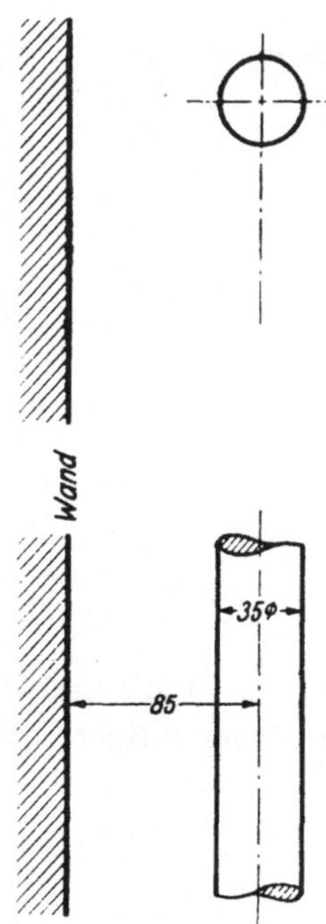

Für eine wenig belastete Welle 35 ⌀ ist ein einfaches gußeisernes Konsollager zu entwerfen. Die Welle macht in der Minute 90 Umdrehungen. Das Lager ist mit Deckel zu versehen.

35. Kesselstuhl.

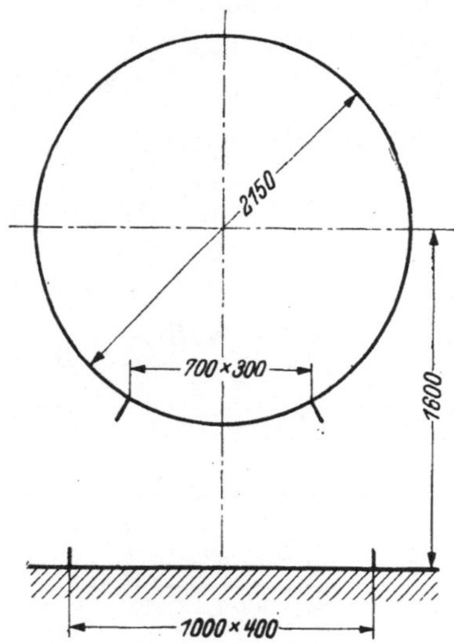

a) Für einen Kessel (2150 mm äußerer Durchmesser) ist ein gußeiserner Kesselstuhl zu entwerfen.

b) Dasselbe in Stahlkonstruktion, geschweißt.

36. Rohrleitung.

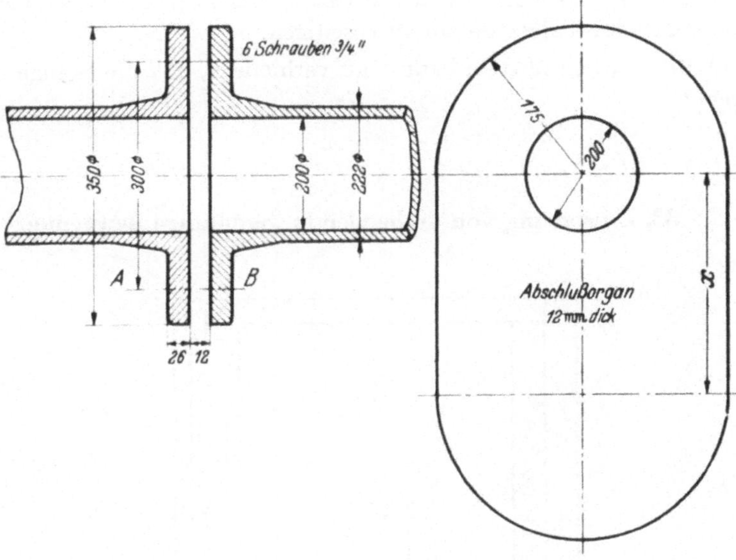

In die Rohrleitung ist ein Abschlußorgan in Gestalt einer 12 mm dicken Blechplatte einzubauen. Achse A—B ist Drehachse des Schiebers. Der Mittenabstand x ist zu bestimmen. Der Schieber mit den Schraubenlöchern ist darzustellen.

37. Feststellvorrichtung.

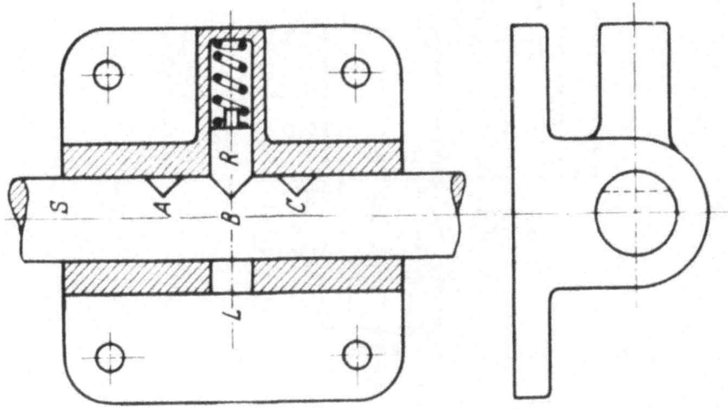

Die in Richtung ihrer Achse verschiebbare Stange S soll in drei Stellungen A, B, C durch Raste R festgestellt werden können.

a) Welche Bedeutung hat das Loch L?

b) Bei der Raste R besteht die Gefahr des Eckens. Durch eine Umkonstruktion ist diese Gefahr zu beseitigen.

c) Mit welchen Mitteln kann man verhindern, daß die Stange S sich dreht?

38. Umsetzung von drehender in geradlinige Bewegung.

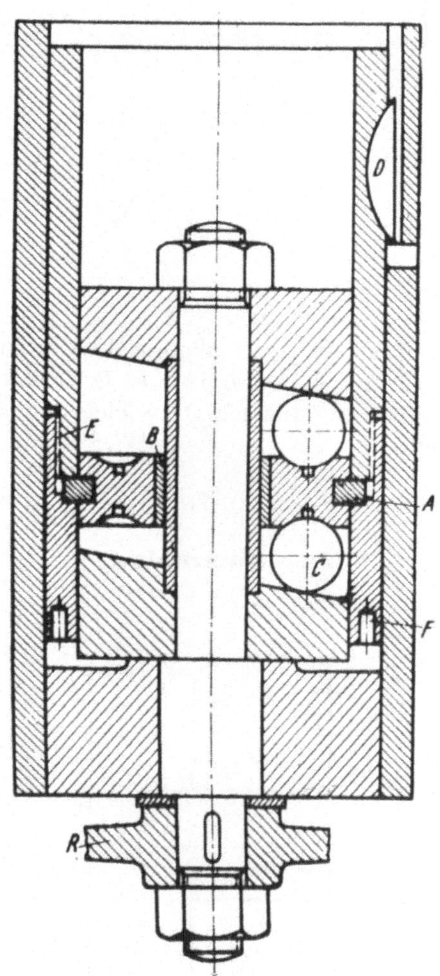

Es ist zu beschreiben, was geschieht, wenn sich das Rad R dreht.

Welche Bedeutung haben die Teile A, B, C, D, die gestrichelten Linien E und die Löcher F?   (Aus „Werkstattstechnik", 1939, Nr. 11, S. 178.)

39. Rundungsdreheinrichtung.

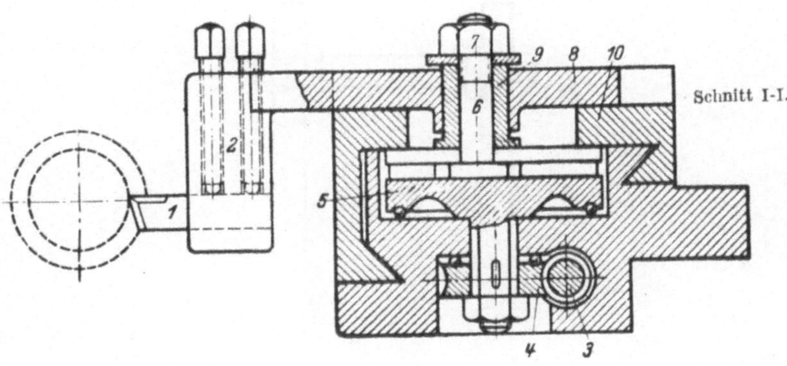

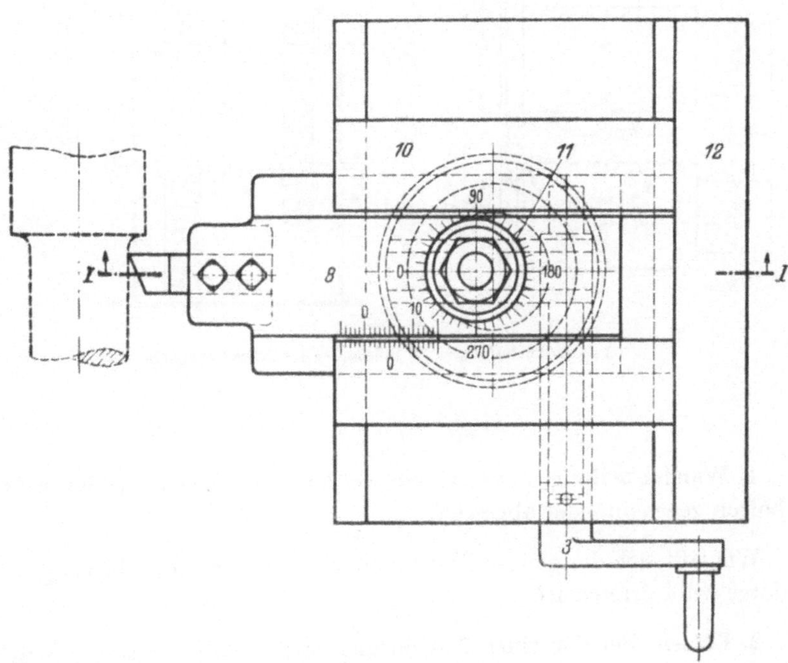

Die Wirkungsweise der schematisch dargestellten Einrichtung ist zu
beschreiben.   (Aus „Werkstattstechnik", 1942, S. 287.)

40. Wandabsteifung, Bolzen und Stirnrädergetriebe.

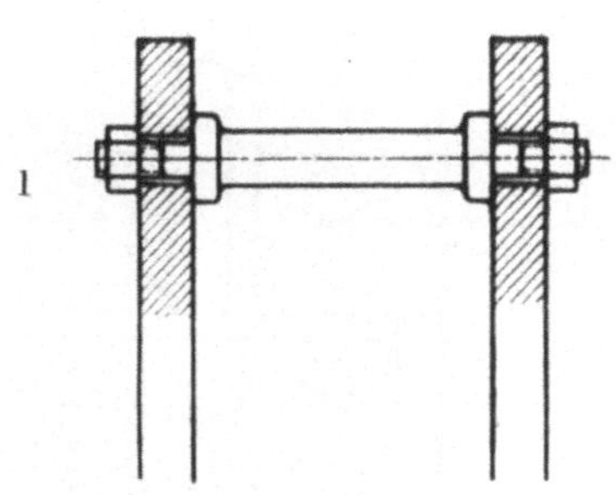

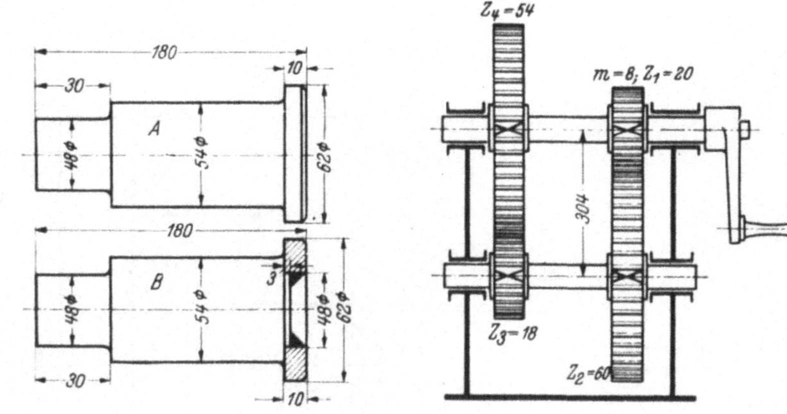

1 Wandabsteifung.   2 Bolzen.   3 Stirnrädergetriebe.

1. Wandabsteifung. Zwei Wände werden, wie gezeichnet, durch Stehbolzen gegeneinander abgesteift.

Wie läßt sich der gleiche Zweck einfacher, billiger und ebenso gut wie dargestellt, erreichen?

2. Bolzen. Bei der einen Ausführung ist der Bolzen aus einem Stück hergestellt, bei der anderen ist der Bund aufgeschweißt. Welcher der beiden Bolzen verdient aus Herstellungsgründen den Vorzug?

3. Stirnrädergetriebe. Welche Unmöglichkeiten enthält das Bild?

(Aus „Erfahrungsaustausch".)

41. Bohrbüchse, Kopfschraube und Transportöse.

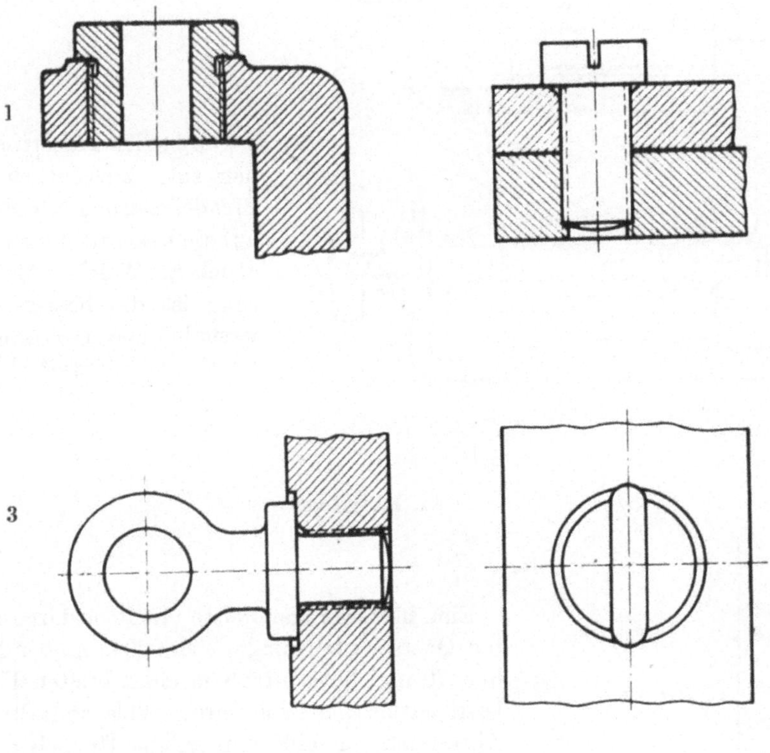

1 Bohrbüchse.   2 Kopfschraube.   3 Transportöse.

1. Bohrbüchse. Die Darstellung zeigt die Bohrbüchse einer Bohrvorrichtung. Es kommt auf genaue Achsenlage des Loches an. Was ist an der gezeichneten Ausführung grundsätzlich zu bemängeln?

2. Kopfschraube. Die dargestellte Kopfschraube vermag auch bei noch so festem Anziehen die beiden Teile nicht aufeinanderzupressen. Woran liegt es?

3. Transportöse. Mit welchen Mitteln ist es zu erreichen, daß die eingeschraubte Öse, nachdem sie fest angezogen ist, genau in der gezeichneten Stellung steht?

42. Schlittenführung.

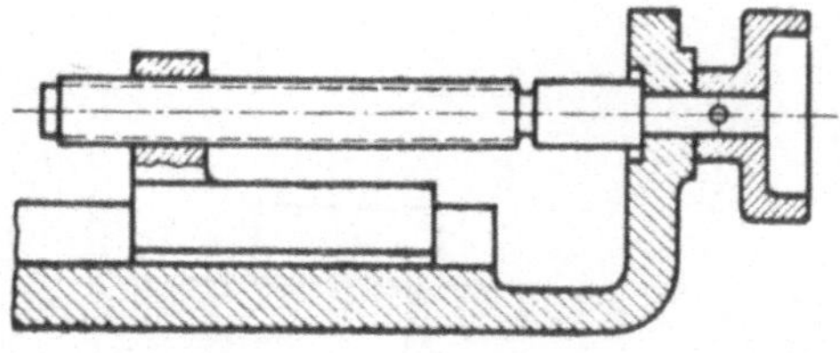

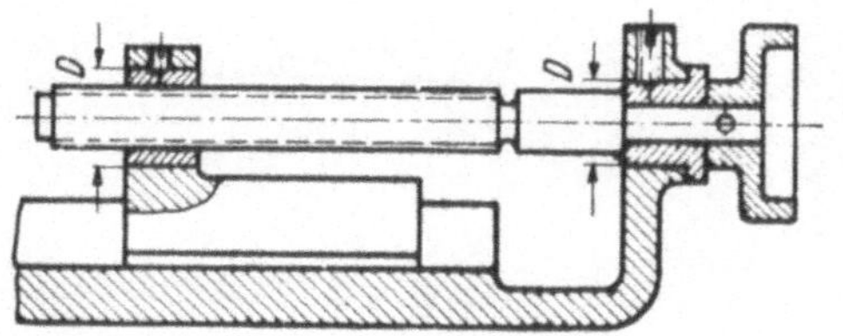

Die beiden Konstruktionen sind hinsichtlich der Spindellagerung mit Bezug auf die Bearbeitung zu vergleichen. Welche Ausführung ist die bessere und weshalb? (Aus „Loewe-Notizen", Januar/März 1939.)

43. Handleiste.

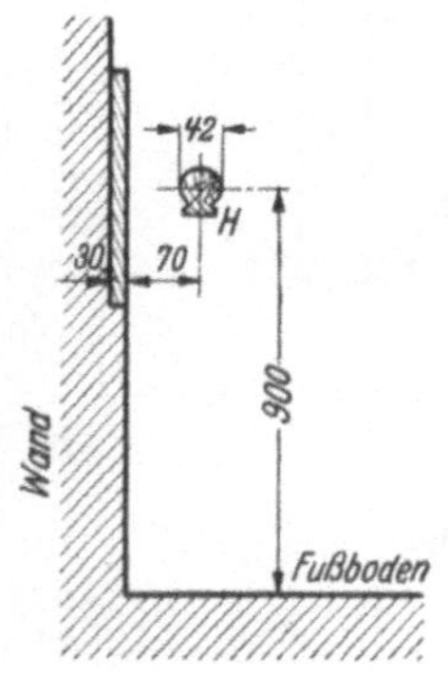

Eine hölzerne Handleiste mit dem dargestellten Querschnitt befindet sich 900 mm über Flur und 70 mm horizontal von einer breiten Holzleiste entfernt. Sie soll durch stählerne Halter in Abständen von 1200 mm an der Holzleiste befestigt werden.

Für die Halter sind konstruktive Vorschläge zu machen.

44. Spannschloß.

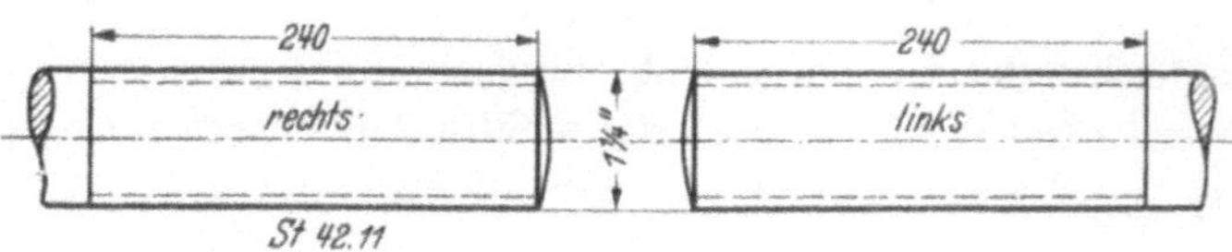

Es ist ein Spannschloß zu entwerfen, mit dem die beiden Stangen zusammengezogen, also unter Spannung gesetzt werden können.

45. Feuerleiter.

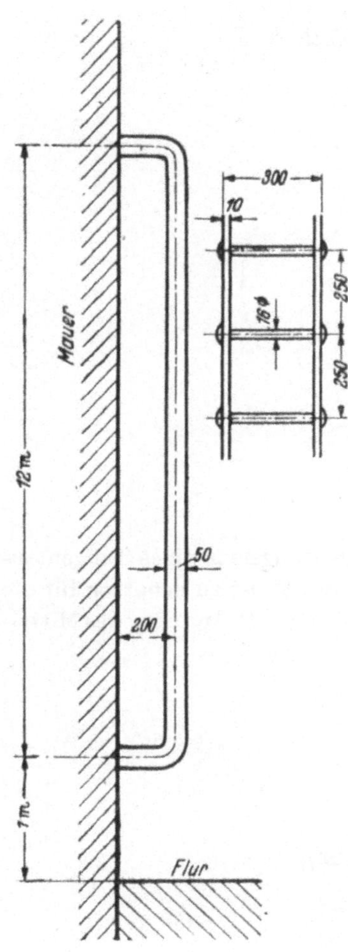

Nach den Angaben der Skizze ist eine Feuerleiter vollständig und werkstattgerecht aufzuzeichnen.

46. Zweiteiliger Stellring.

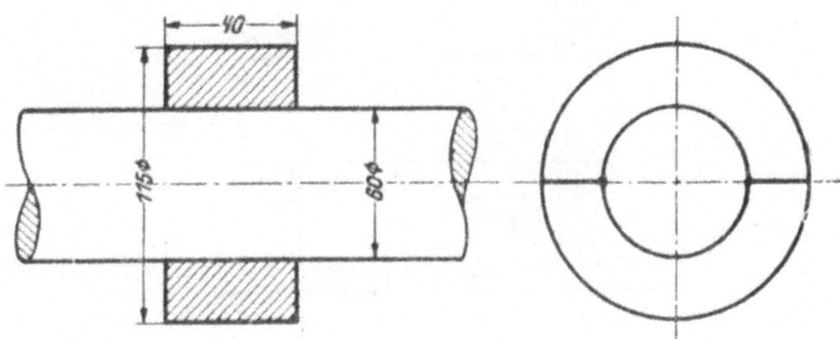

Der zweiteilige Ring ist durch 2 Kopfschrauben mit zylindrischem Kopf zusammenzufügen und axial festzulegen. Die Zeichnung ist werkstattgerecht auszuführen.

47. Zentrierwinkel.

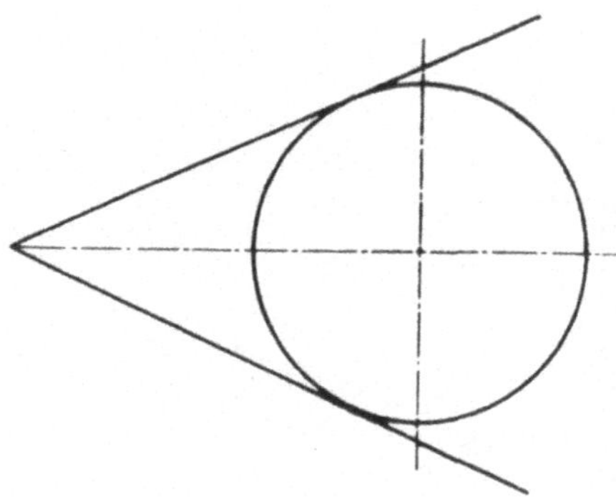

Der planimetrische Lehrsatz: „Die Halbierungslinie eines Tangentenwinkels geht durch den Mittelpunkt des Kreises" ist zu benutzen für die Konstruktion eines Zentrierwinkels. (Werkzeug zum Anreißen des Mittelpunktes der Stirnfläche eines Zylinders.)

48. Bolzenlagerung.

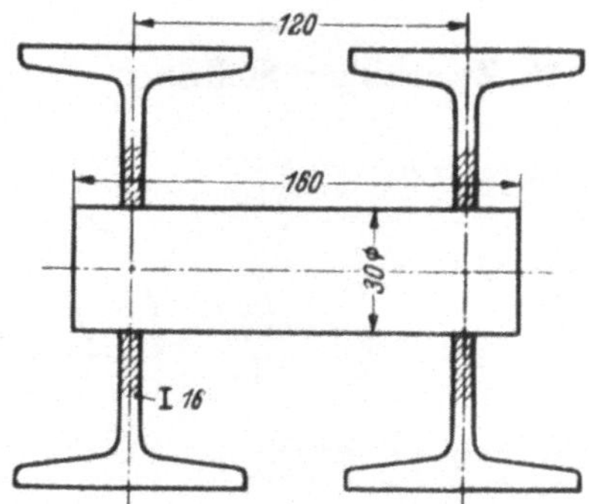

Es sind konstruktive Möglichkeiten für die Festlegung des Bolzens zu finden. Er soll sich weder drehen noch axial bewegen können.

49. Granitblock.

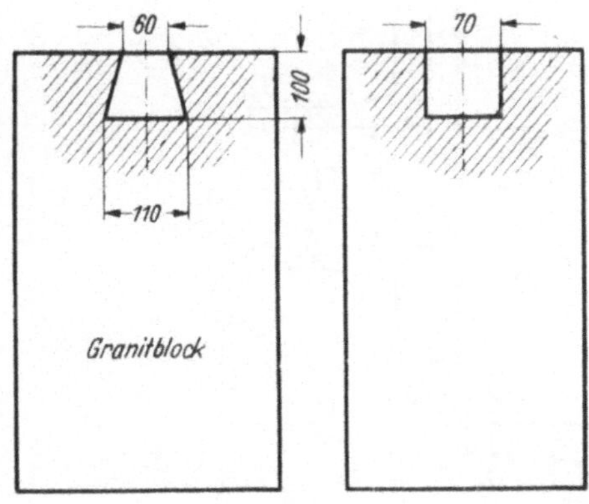

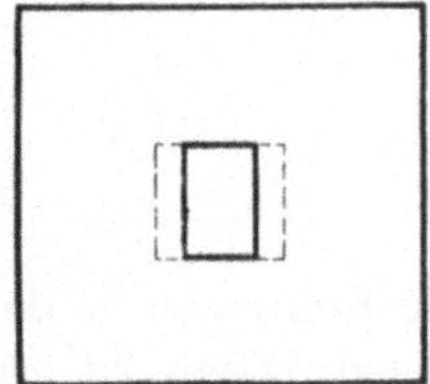

Um den Block mit dem Kran heben zu können, stemmt man das Loch mit den angegebenen Maßen ein. Die einzulegenden Trageisen mit Seilöse 40 mm $\varnothing$ sind werkstattgerecht darzustellen.

50. Rohrleitung.

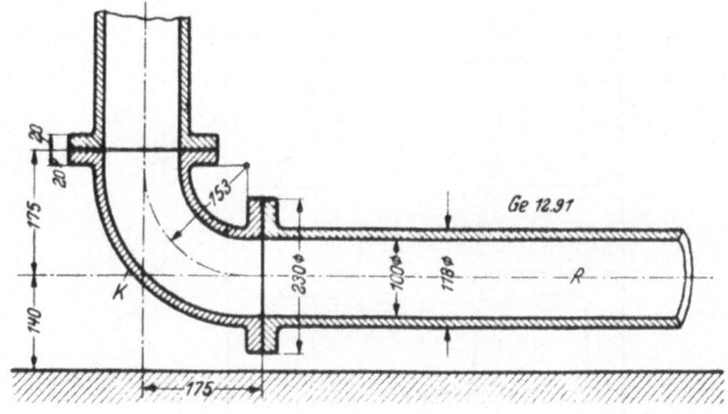

a) Der Krümmer K soll mit einem angegossenen Fuß versehen werden. Dafür sind verschiedene Ausführungsformen vorzuschlagen.

b) Das Rohr R soll mit Lagern aus Flachstahl 50×8 abgestützt werden. Das Lager ist zu entwerfen.

51. Rohrleitung.

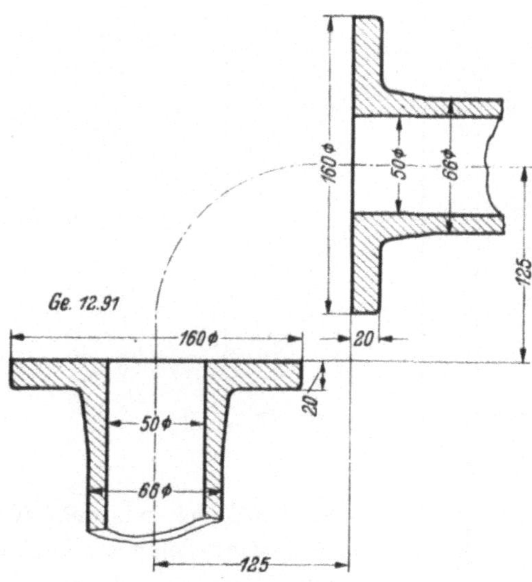

Es ist ein Krümmer zu konstruieren, der die beiden Rohrenden in der gezeichneten Lage miteinander verbindet. (Die Konstruktion ist zunächst ohne Benutzung der Normen durchzuführen.)

52. Durchgangshahn.

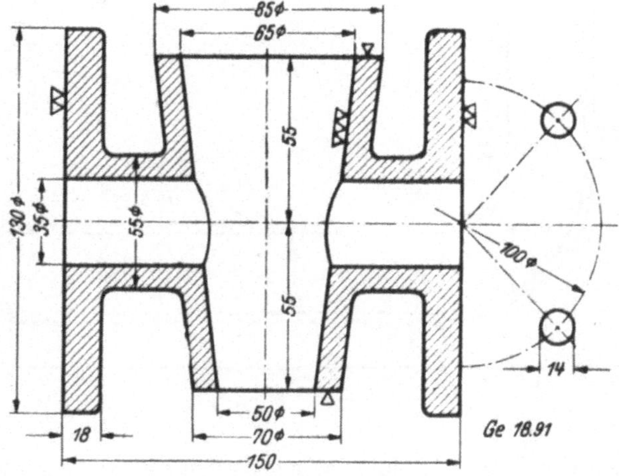

Das zum Gehäuse gehörige Hahnküken ist verlorengegangen. Es ist für die Ersatzbeschaffung neu zu konstruieren.

53. Ventilspindel mit Kegel.

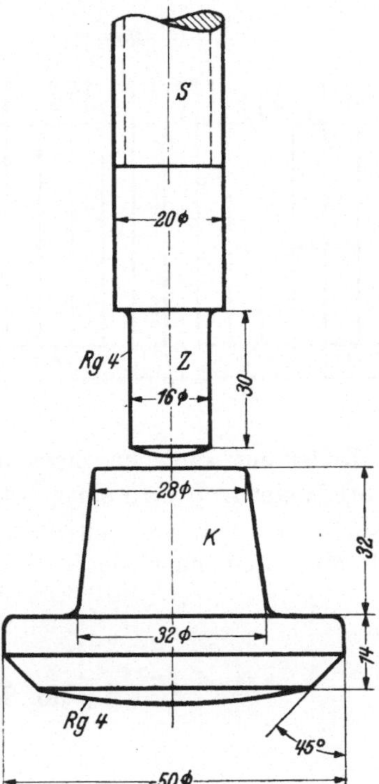

Der Ventilkegel K soll an dem Zapfen Z der Spindel S mit dieser so verbunden werden, daß der Kegel drehbar ist, sich aber axial nicht nennenswert bewegen läßt. Mehrere Ausführungsvorschläge sind zu machen.

54. Gießerei-Formkasten.

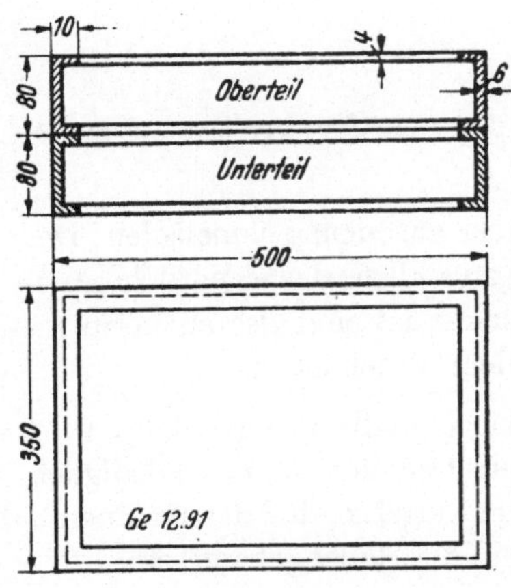

Der Ober- und Unterkasten sind mit Handgriffen zum Tragen zu versehen. Zur Kleinhaltung der Gußnaht an den zu erzeugenden Gußstücken sind an den Kästen Einrichtungen anzubringen, die jedes Aufeinanderverschieben der Kastenhälften mit Sicherheit verhindern. Dabei muß sich der Oberkasten jederzeit vom Unterkasten leicht abheben lassen. Ausführung der Zeichnung werkstattgerecht.

55. Batterie von Formkästen.

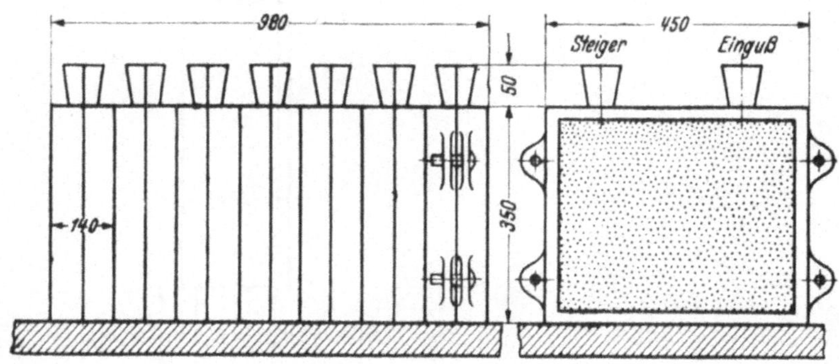

Es ist eine einfache Einrichtung zu konstruieren, mit der man die Formkastengruppe zu einer festen Einheit zusammenspannen kann. Die Kästen würden, wenn unverspannt, unter dem Druck des einfließenden Metalls auseinanderfallen.

56. Schmelztiegel.

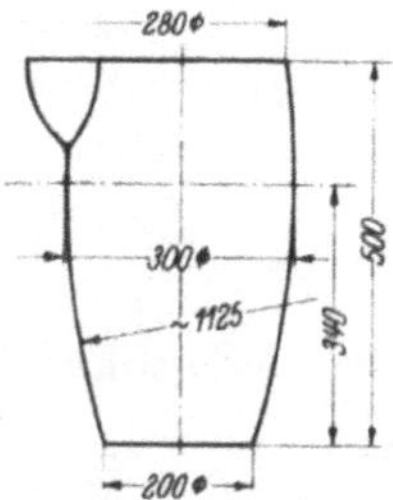

Zu dem dargestellten Schmelztiegel, der aus Graphit-Tonmasse besteht, sind zu konstruieren:

a) Die Zange zum Ausheben des Tiegels aus dem Schmelzofen. Der Gießer hat nur die Zange über den Tiegel zu stellen; das eigentliche Ausheben besorgt der Kran. Für den Kranhaken ist eine Öse anzuordnen. Beim Anheben soll die Zange den Tiegel fest umschließen.

b) Die Traggabel. Der Kran stellt den Tiegel in die Traggabel. Sie wird von zwei Männern zur Gießstelle getragen. Der eine Mann ist lediglich Träger, der andere dreht die Gabel mit dem Tiegel so, daß das Gußmetall in die Form fließt. Für diese Tätigkeit muß die Gabel gebaut sein.

57. Dreharbeit.

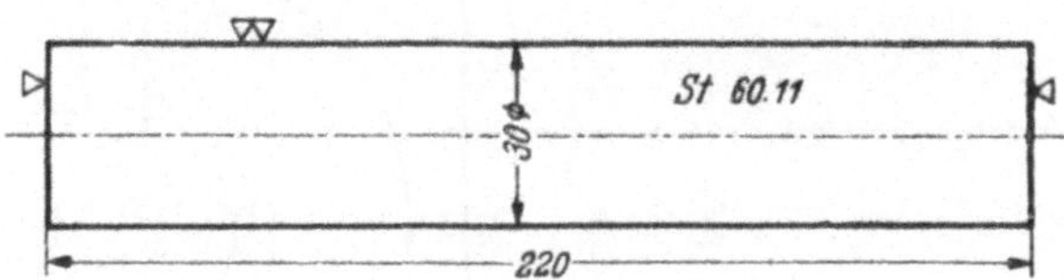

Die Welle soll zwischen den Spitzen gedreht werden. Sie ist mit den Anbohrungen auf den Stirnflächen und mit Mitnehmerscheibe, Drehherz und den beiden Spitzen darzustellen.

58. Rohrstutzen.

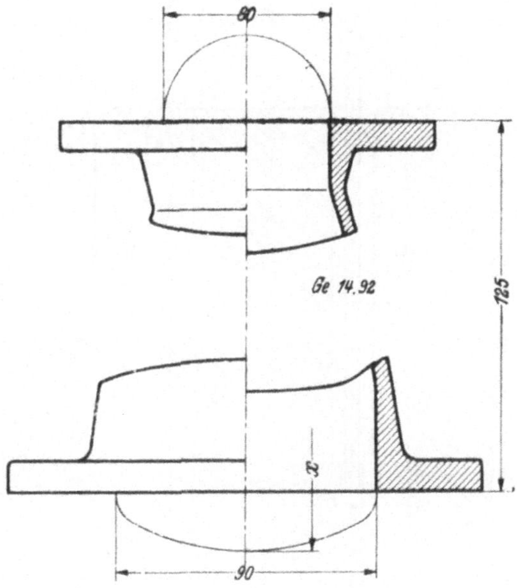

Es ist ein Rohrstutzen zu konstruieren, der auf 125 mm Länge von dem kreisrunden Querschnitt (60 mm l. W.) in den gleich großen elliptischen mit 90 mm großem Durchmesser übergeht. Die Querschnittgröße soll auf der ganzen Länge unveränderlich sein. Der kleine Ellipsendurchmesser ist zu berechnen.

59. Schalenkupplung.

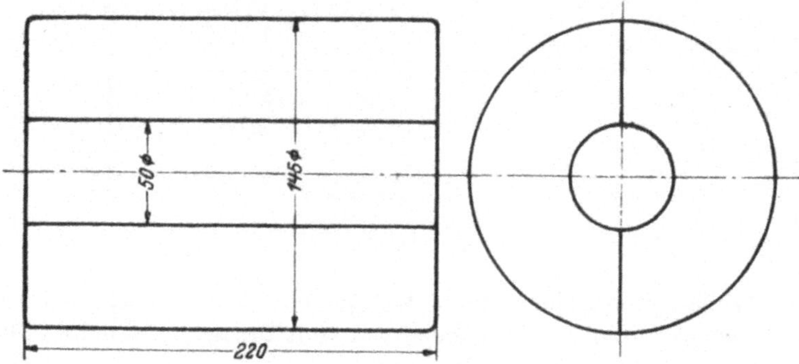

Die beiden Kupplungshälften sind durch sechs Durchsteckschrauben M 16 mit zylindrischen Köpfen miteinander zu verbinden. Die Zeichnung der vollständigen Kupplung ist werkstattgerecht auszuführen.

60. Maschinenfundament.

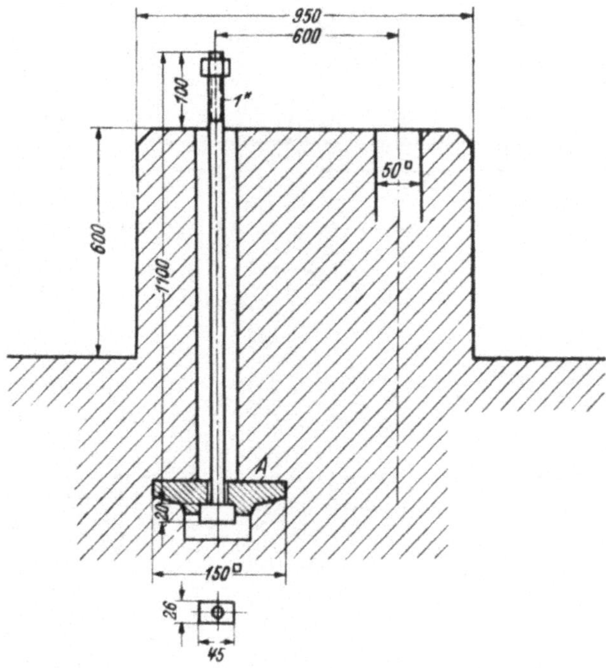

Die Ankerplatte *A* ist werkstattgerecht darzustellen. Die Ankerschraube soll von außen her einsteckbar, und sie muß gegen Drehung gesichert sein.

Ausführung: a) in Gußeisen, b) in Stahl geschweißt.

61. Flaschenschraubstock.

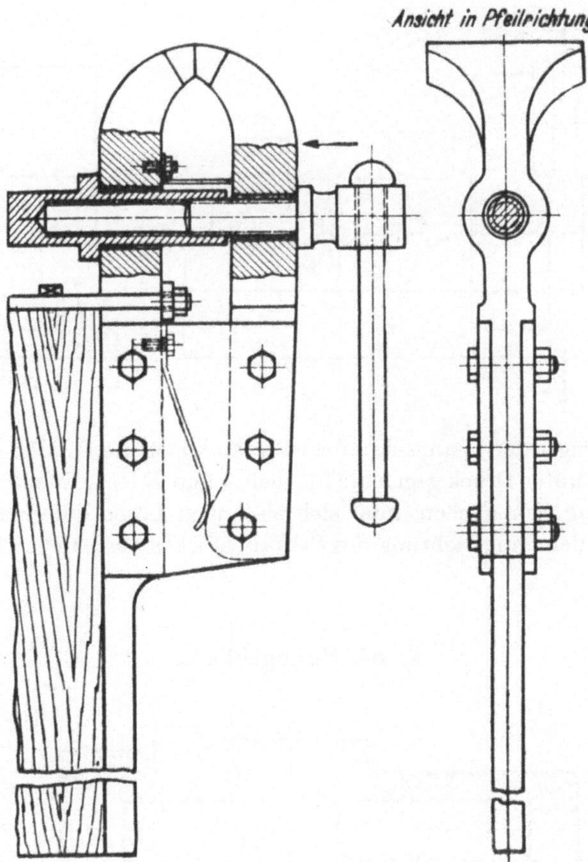

Die ·stark fehlerhafte Darstellung eines Flaschenschraubstocks| ist richtiggestellt wiederzugeben.

62. Parallelschraubstock.

Nach der in der Skizze gegebenen Idee ist ein Parallelschraubstock werkstattgerecht zu konstruieren.

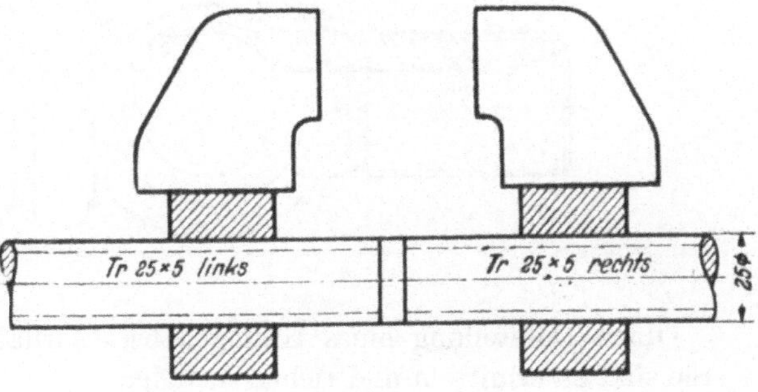

63. Schnellspannschraubstock.

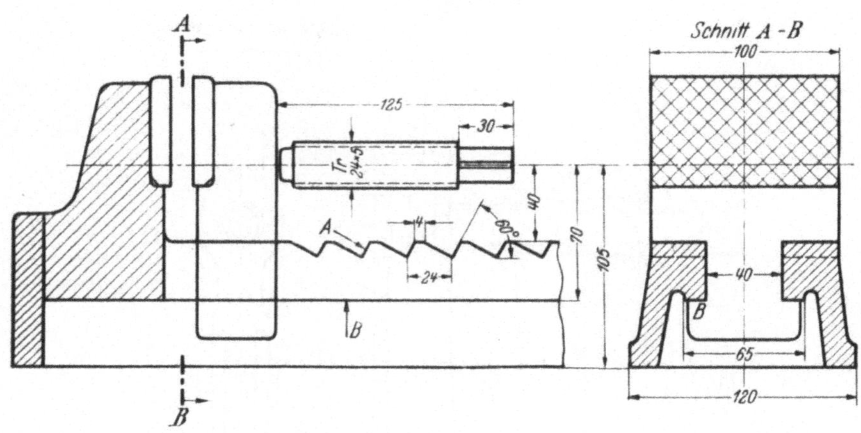

Der Träger der Spannschraube ist so zu konstruieren, daß er sich beim Spannen unter Druck gegen die Flächen *A* und *B* legt. Er soll die Schnelleinstellung ermöglichen, muß sich also nach Lösen der Spannschraube leicht in der Längsrichtung des Schraubstockes verschieben lassen.

64. Hahngehäuse.

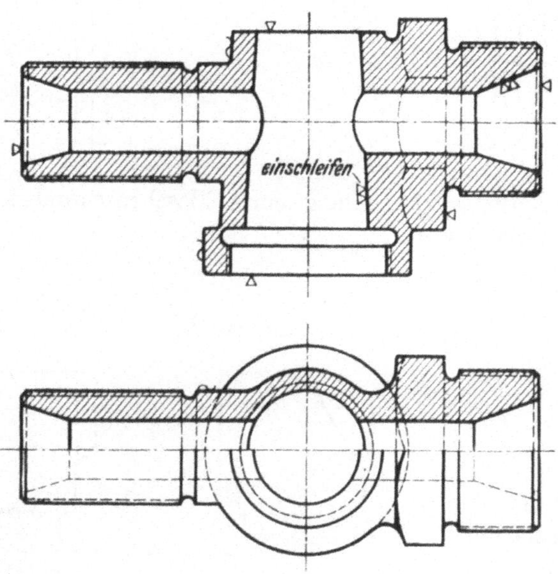

Obige Darstellung eines Hahngehäuses enthält einige Zeichenfehler. Sie sind zu ermitteln und richtigzustellen.

65. Stopfbüchshahn.

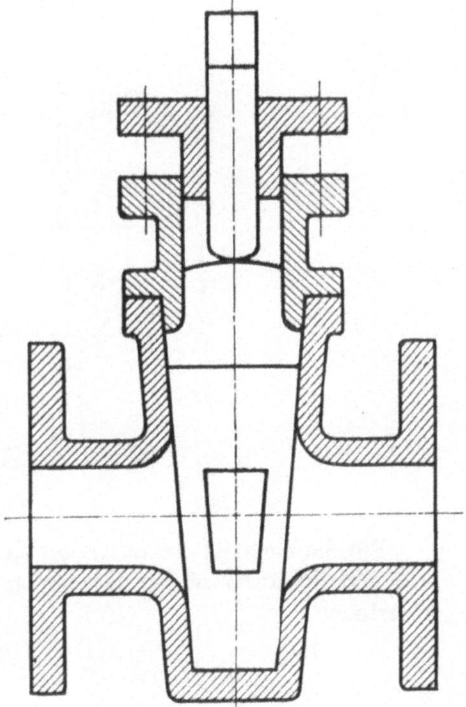

Diese Skizze eines Stopfbüchshahnes wurde im Jahre 1942 bei einer Facharbeiterprüfung Lehrlingen vorgelegt. Sie ist außerordentlich fehlerhaft. Die Skizze ist in der gleichen Größe fehlerfrei wiederzugeben.

66. Kochkessel.

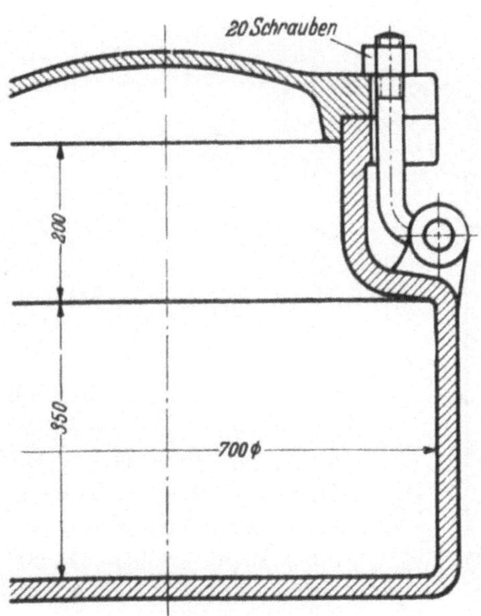

Dieser Kochkessel wurde, wie dargestellt, ausgeführt und in Betrieb genommen. Der durch das Anheizen erzeugte Innendruck warf den festangezogenen Gefäßdeckel in die Luft. Welcher Konstruktionsfehler war der Anlaß dazu?

67. Träger und Welle.

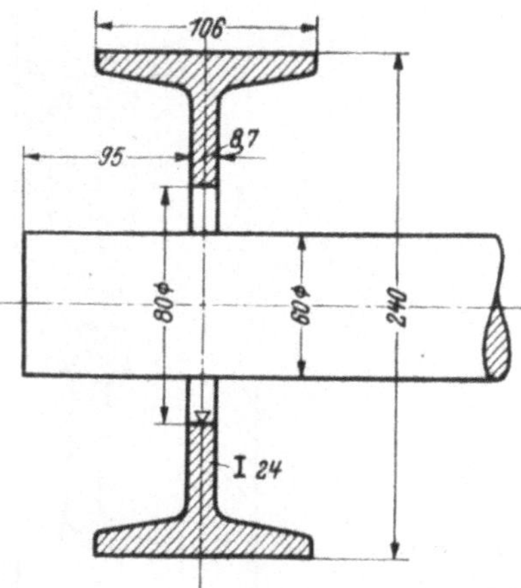

Für die Welle ist ein am Träger zu befestigendes gußeisernes Gleitlager zu entwerfen. Es sei hier davon abgesehen, daß für solche Lager Normen bestehen.

68. Kolben einer Flügelpumpe.

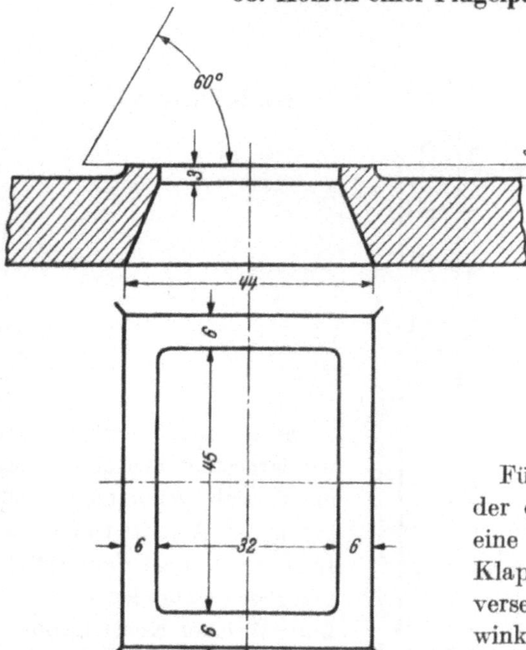

Für den dichten Abschluß der dargestellten Öffnung ist eine Klappe zu zeichnen. Die Klappe soll mit einem Anschlag versehen sein, der den Öffnungswinkel nicht größer als 60° werden läßt.

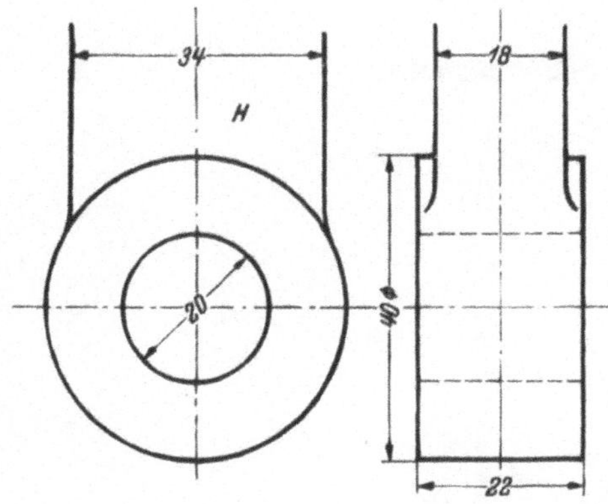

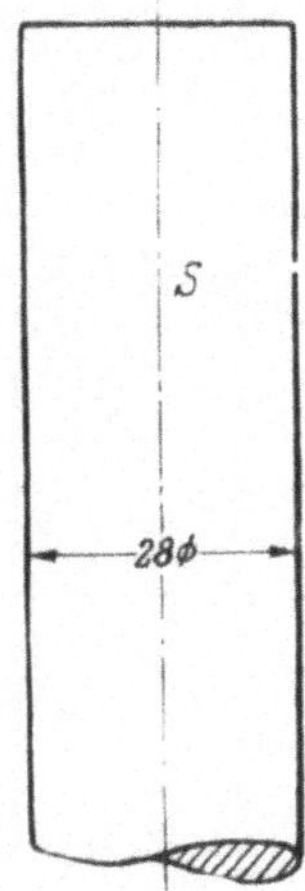

69. Gelenkverbindung.

Auf das Ende der Stange S ist ein Gabelkopf aufzusetzen, der die Verbindung zwischen Stange und Gelenkkopf H herstellt. Der Gabelkopf ist werkstattgerecht darzustellen.

70. Motorkolben.

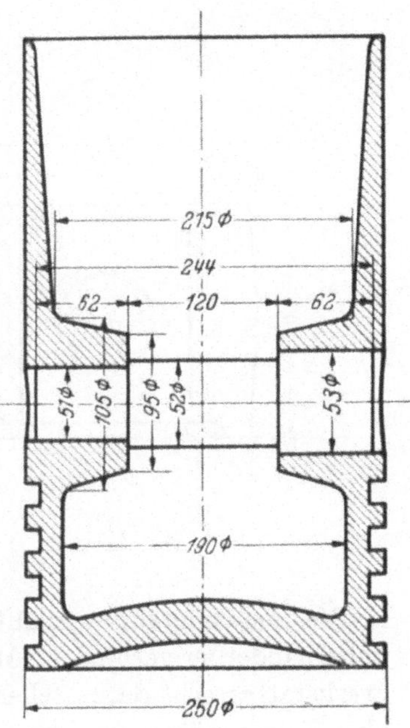

Für die Festlegung des Kolbenbolzens, d. h. seine Sicherung gegen Drehung und axiale Verschiebung, sind konstruktive Möglichkeiten zu suchen.

71. Schwungrad.

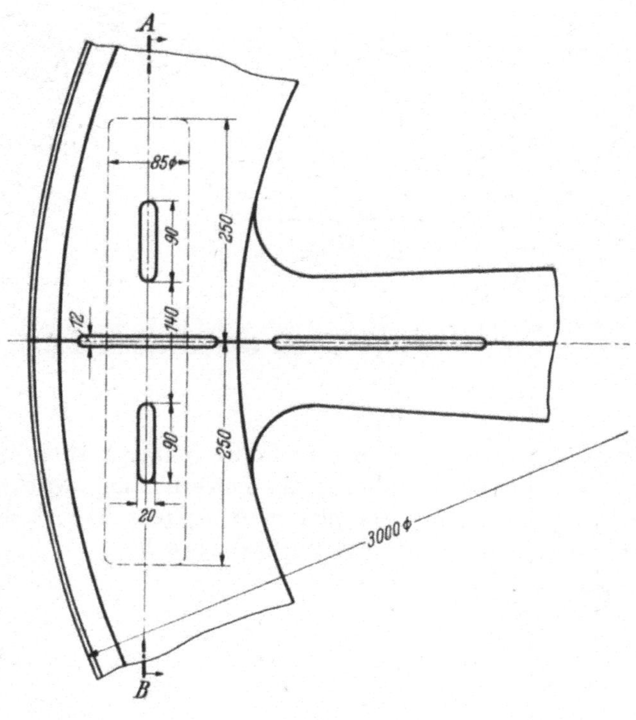

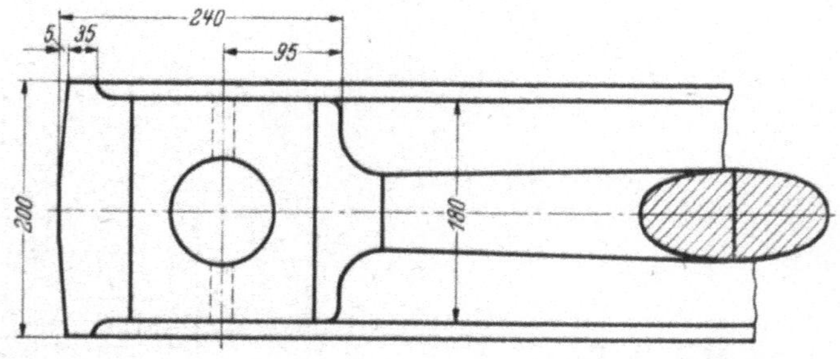

Die Schwungradkranzhälften sind durch zwei Bolzen 80 ⌀, 465 lg. miteinander zu verbinden. Anzug der Querkeile 1 : 40. Schnitt *A—B* ist werkstattgerecht darzustellen. Die Beanspruchungen im Bolzen und in den Keilen müssen nachgerechnet werden.

72. Kurbelwelle mit Gegengewichten.

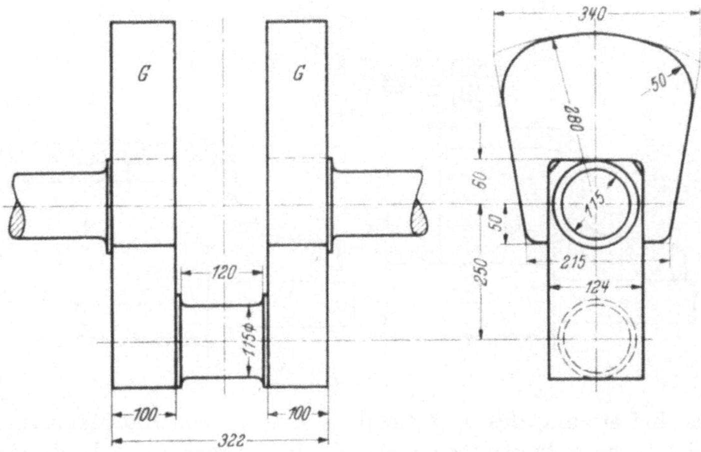

Für die sichere Befestigung der Gegengewichte *G* an den Kurbelwangen sind konstruktive Möglichkeiten zu suchen. Die gewählten Verbindungsorgane müssen auf ihre Beanspruchung durch Fliehkräfte nachgerechnet werden.

73. Ausrichtvorrichtung.

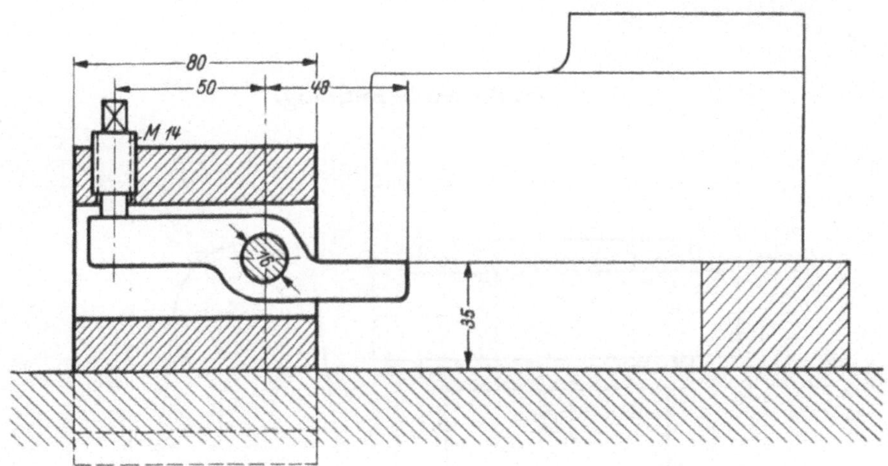

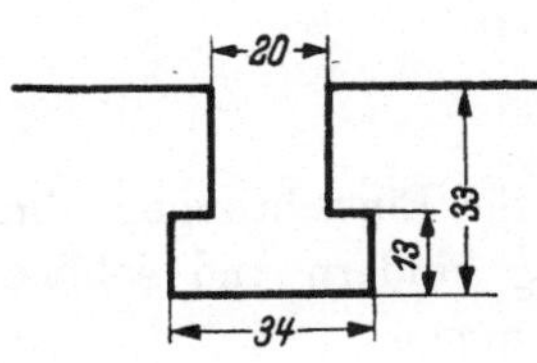

Nach der schematischen Skizze ist ein Hebebock für das Ausrichten von Maschinenteilen auf Werkzeugmaschinentischen zu entwerfen und werkstattgerecht aufzuzeichnen. Der Bock soll sich in die Aufspannuten des Tisches einführen lassen. (Aus „Erfahrungsaustausch")

74. Lagerschild.

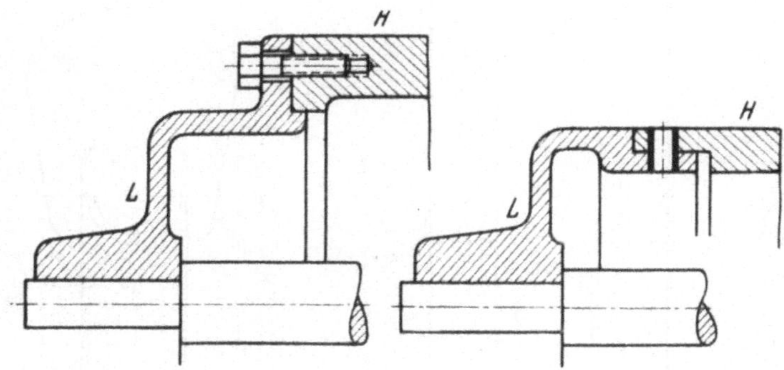

Die Befestigung des Lagerschildes L mit dem Hauptkörper H geschieht nach der linken Skizze mit Kopfschrauben, nach der rechten mit geschlitzten Schwerspannstiften. Die beiden Konstruktionen sind hinsichtlich ihrer Vorzüge und Nachteile miteinander zu vergleichen.

Schwerspannstifte sind in der Längsrichtung geschlitzte Hohlzylinder aus Federstahl mit kegeligem Ende zur leichten Einführung. Der äußere Durchmesser ist etwas größer als der des Loches, in das der Spannstift eingetrieben wird. Sie werden hergestellt von der Firma Wilhelm Hedtmann, Hagen-Kabel.

(Aus „Erfahrungsaustausch".)

75. Bolzen in Führung.

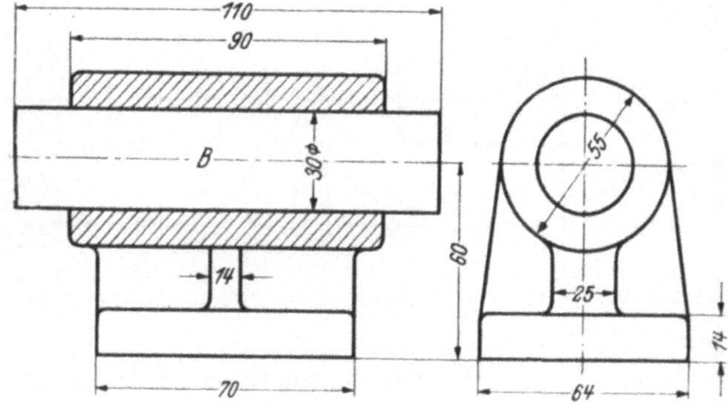

Es sind konstruktive Vorschläge zu machen für Einrichtungen, die den axial beweglichen Bolzen B an der Drehung hindern und solche, die gestatten, ihn in beliebiger Stellung festzuklemmen.

76. Aufspannplatte.

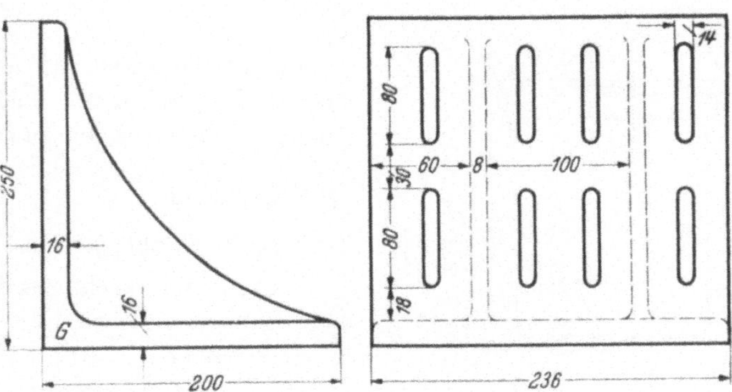

In den Abmessungen der dargestellten Aufspannplatte ist eine zweite
zu entwerfen, die sich durch Einfügung eines Gelenkes bei G möglichst
weitgehend winklig einstellen läßt.

77. Träger auf Säulenkopf.

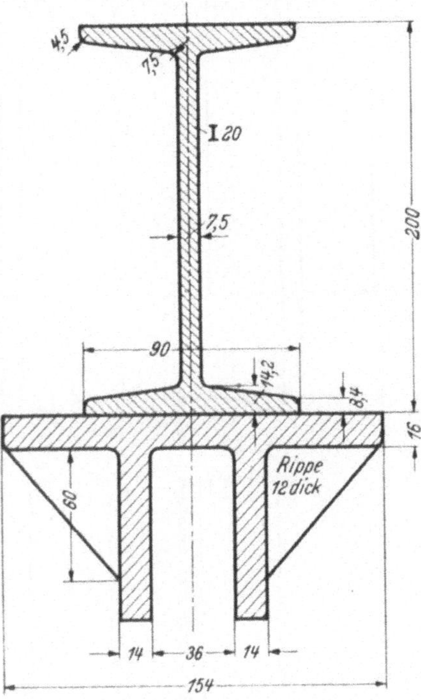

Der Träger soll mit dem gußeisernen Säulenkopf fest verschraubt
werden. Für die Verbindung mit $^5/_8''$-Schrauben sind konstruktive Möglichkeiten anzugeben.

78. Wasserbehälter.

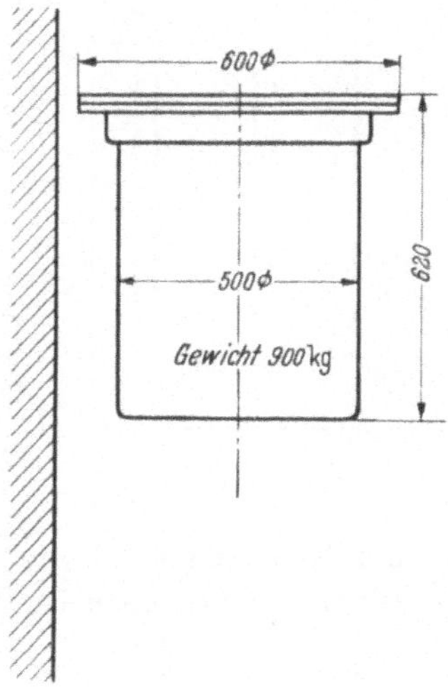

Für den dargestellten Wasserbehälter sind verschiedene Ausführungsformen von Konsolen zu entwerfen.

Ausführung:

a) als Gußkörper Ge 12.91,

b) in Stahlblech, geschweißt.

Anbringung:

α) an glatter Wand,

β) an zylindrischer Säule 400 $\varnothing$.

(Aus Reichsinstitut f. Berufsausbildung in Handel u. Gewerbe, Anleitung zum Lichtbogenschweißen.)

79. Profilstahlverbindungen.

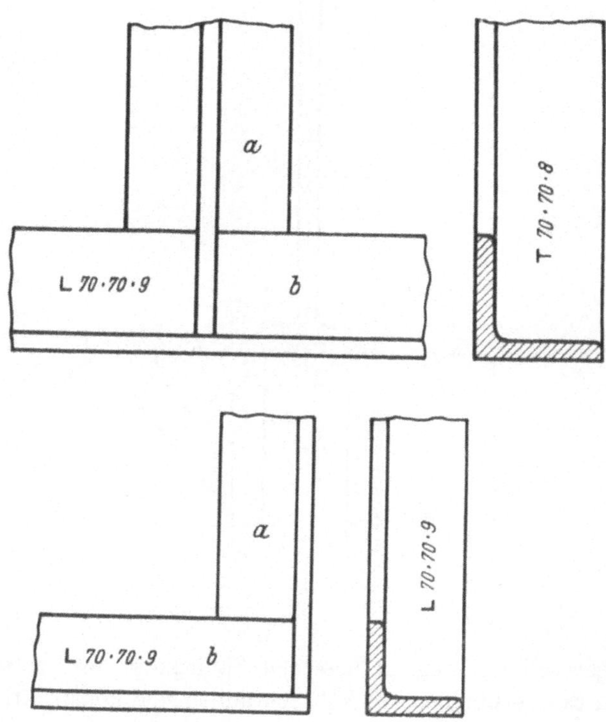

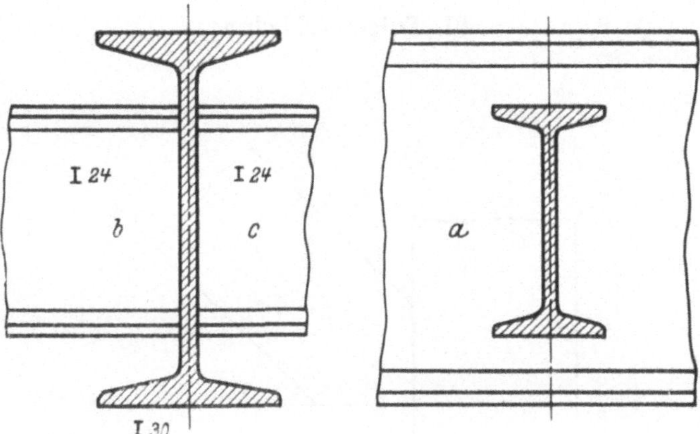

Für die Profile *a/b* bzw. *a/b/c* sind passende Verbindungsmöglichkeiten a) durch Nietung, b) durch Schweißung zu finden.

80. Stützen auf Grundplatte.

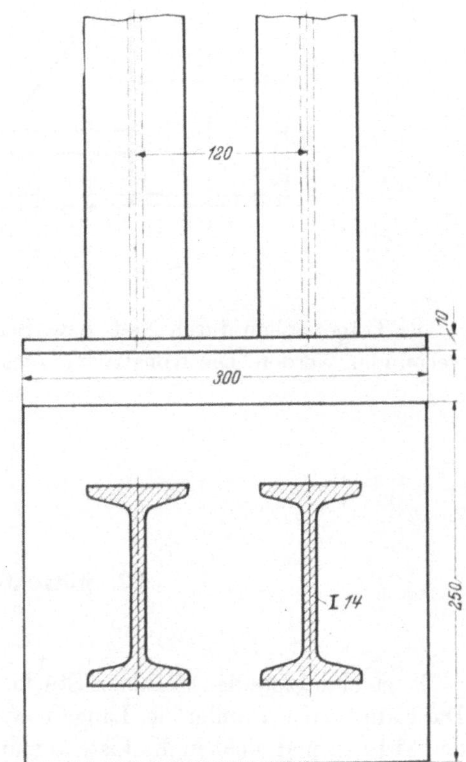

Die Träger sollen durch Nieten bzw. Schweißen mit der Grundplatte verbunden werden. Es sind konstruktive Vorschläge zu machen.

81. Trägerverbindung.

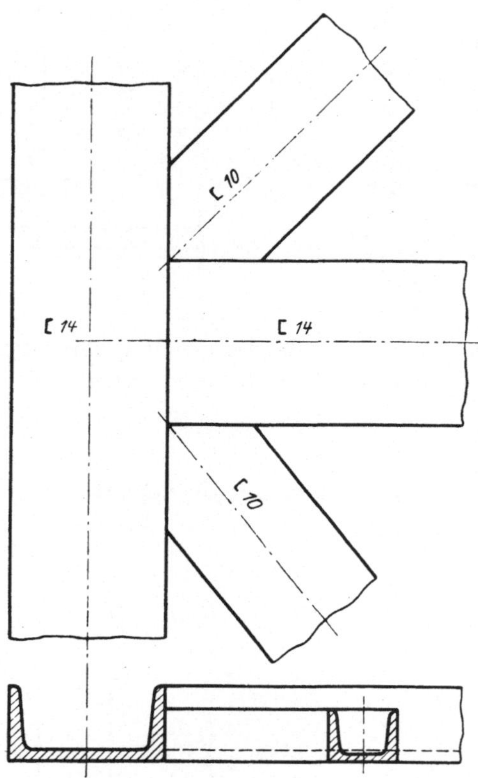

Die Träger sollen durch Niet- bzw. Schweißkonstruktion miteinander verbunden werden. Die Konstruktion ist auszuführen.

82. Stützenfuß.

Es ist eine Liste der einzelnen Stücke des Stützenfußes aufzustellen. Die Hauptmaße (Profilgröße, Länge usw.) sind mit einzutragen. Die beiden Stützen sind nicht in die Liste aufzunehmen.

Stützenfuß.

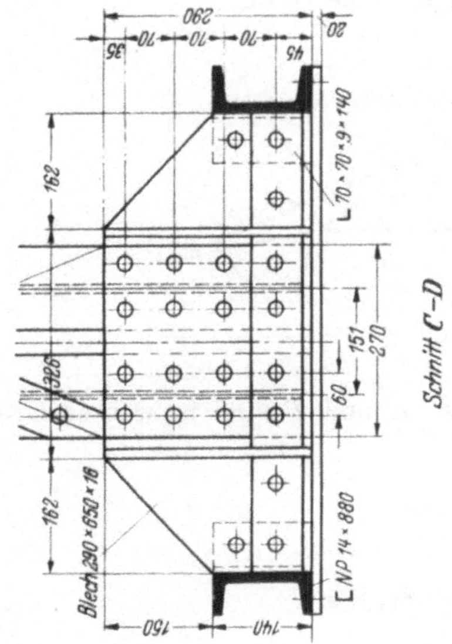

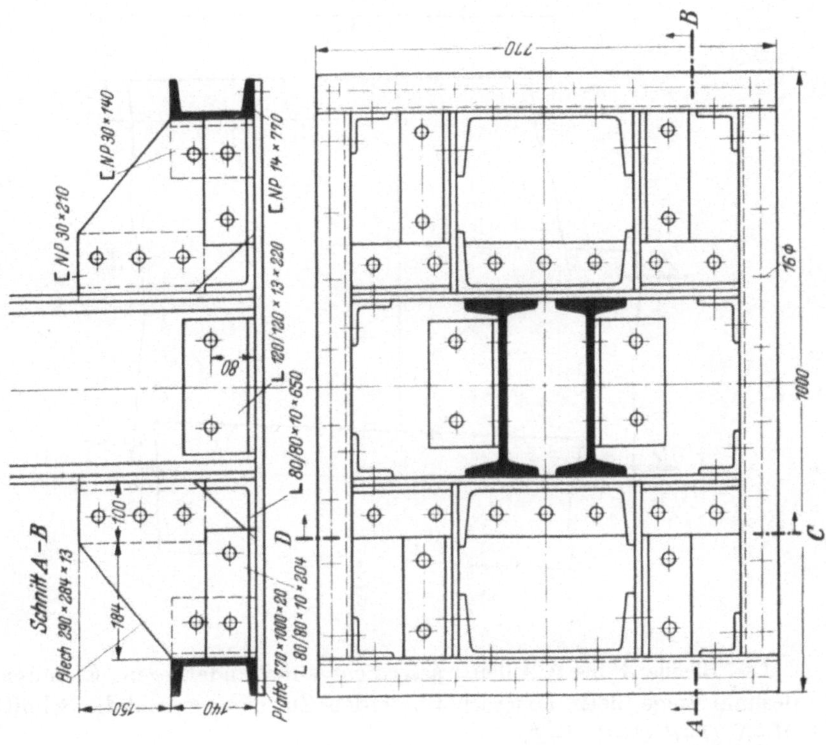

4*

83. Dachbinder für eine Halle.

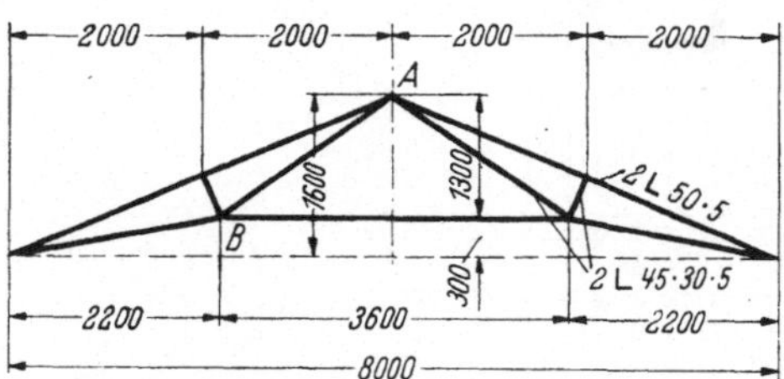

Die Knotenblechverbindungen bei A und B sind in wahrer Größe werkstattgerecht aufzuzeichnen.

84. Schiffsaußenhaut.

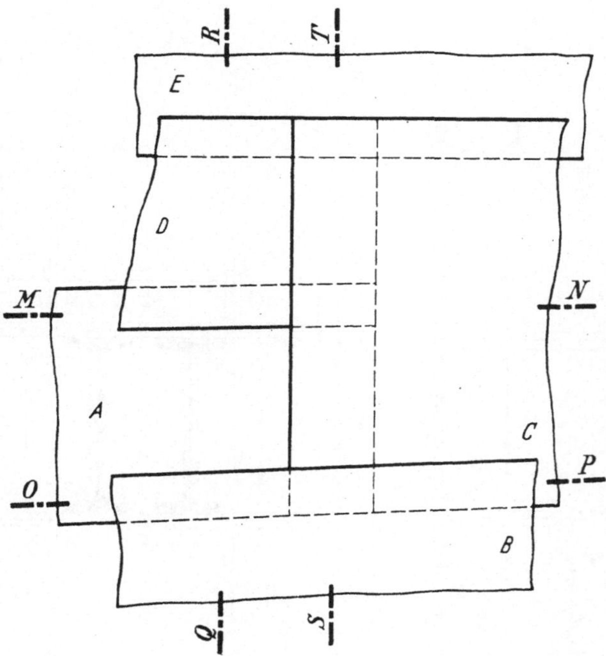

Die Bleche A bis E sollen wasserdicht aufeinanderliegen. Es müssen deshalb einige Bleche ausgeschärft werden. Zu zeichnen sind die Schnitte $M–N, O–P, Q–R, S–T$.

Die auszuschärfenden Stellen der Bleche sind in der Darstellung zu schraffieren.

85. Ziegelwagen.

Für den Transport von Ziegelsteinen (250 × 120 × 65) ist ein Wagen
zu bauen, bei dem — wie gezeichnet — vier Bretter (1400 × 700 × 30)
in Abständen von 190 mm übereinanderliegen. Der Wagen ist werkstattgerecht zu konstruieren.

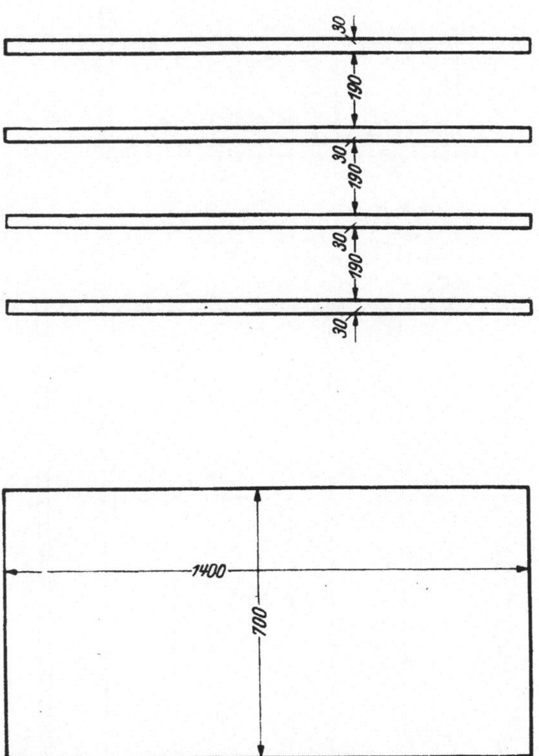

Zu benutzen sind: für das Gestell L 65 · 65 · 7; für den Bodenrahmen
⌐ 8; für die Bohlenauflage L 45 · 45 · 5.

Spurweite der Feldbahn 600 mm, Raddurchmesser 280 mm.

86. Kasten und Einzelheiten zum Schnappschloß.

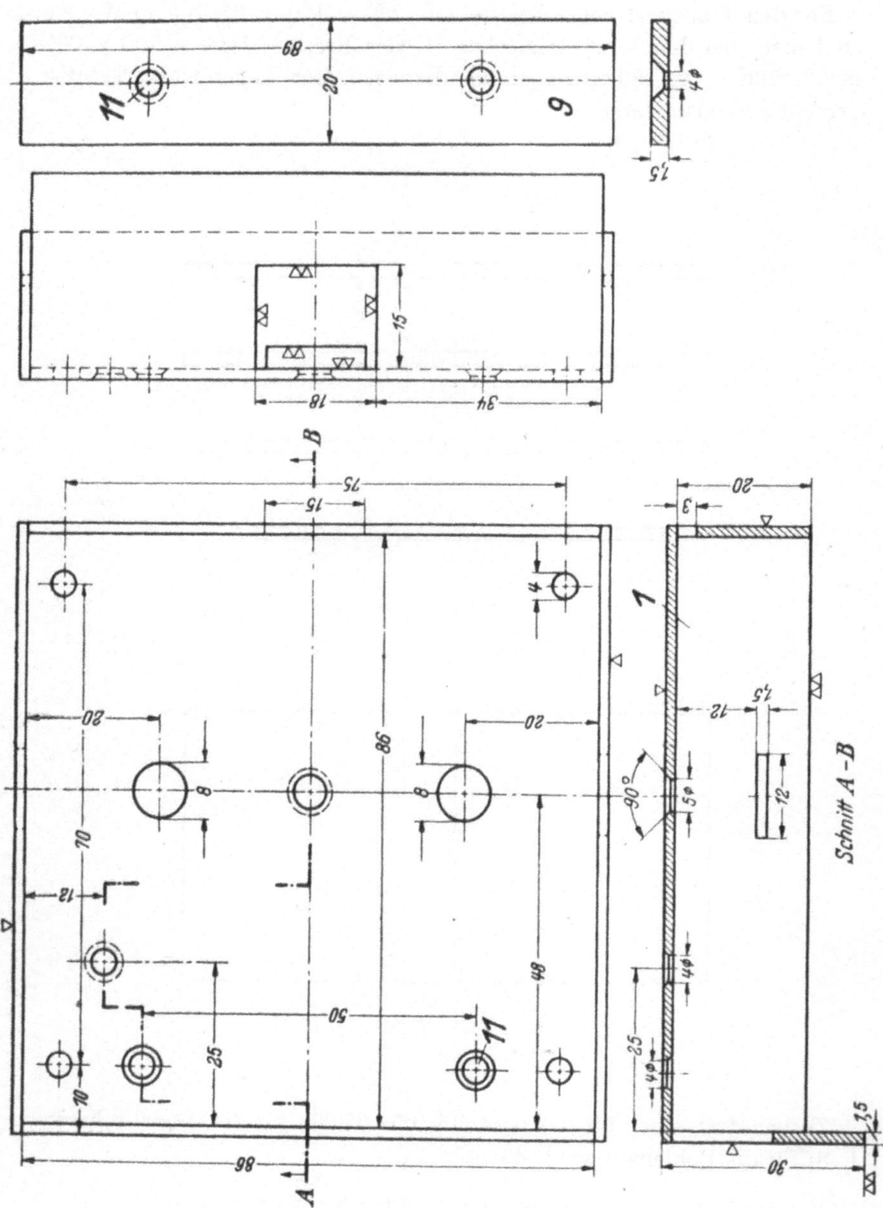

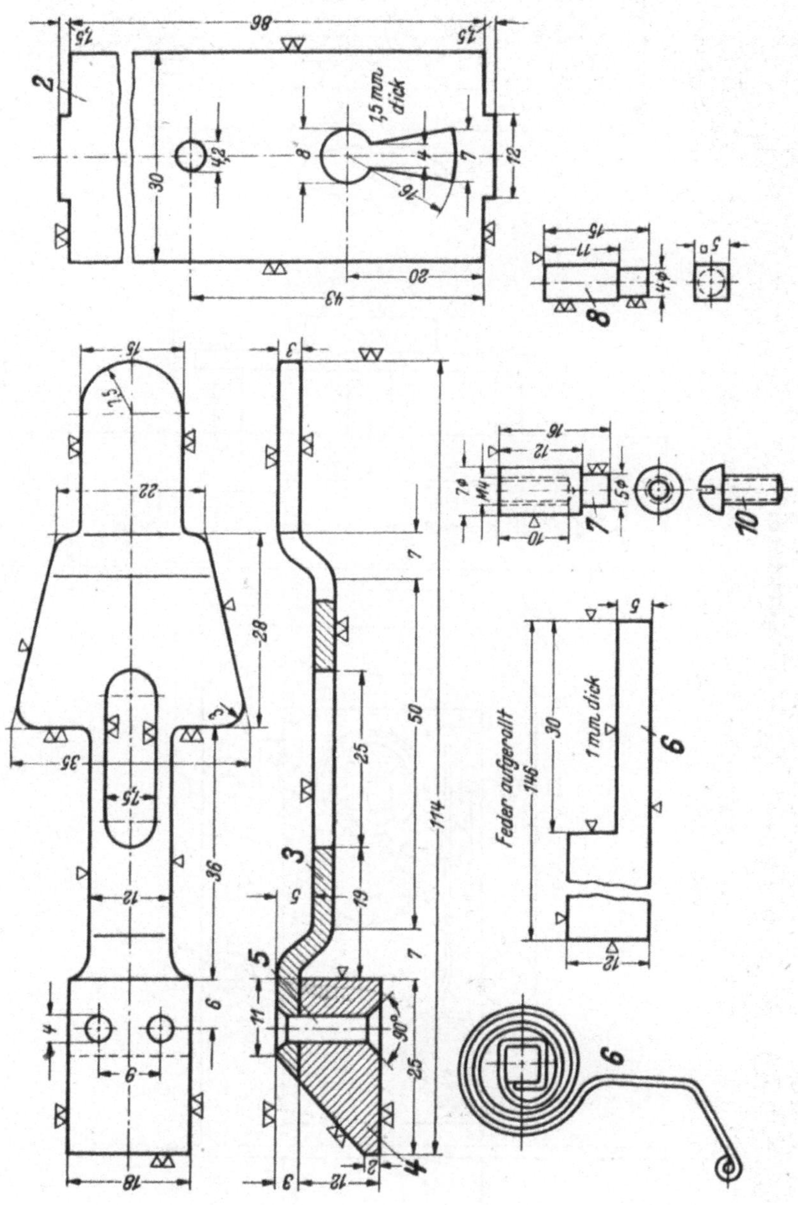

Die dargestellten Teile sind in einer Zusammenstellungszeichnung zum fertigen Schloß zu vereinigen.

87. Türschloß.

Werkstoff: Schloßteile: Messing; Feder: Stahl, verkupfert.

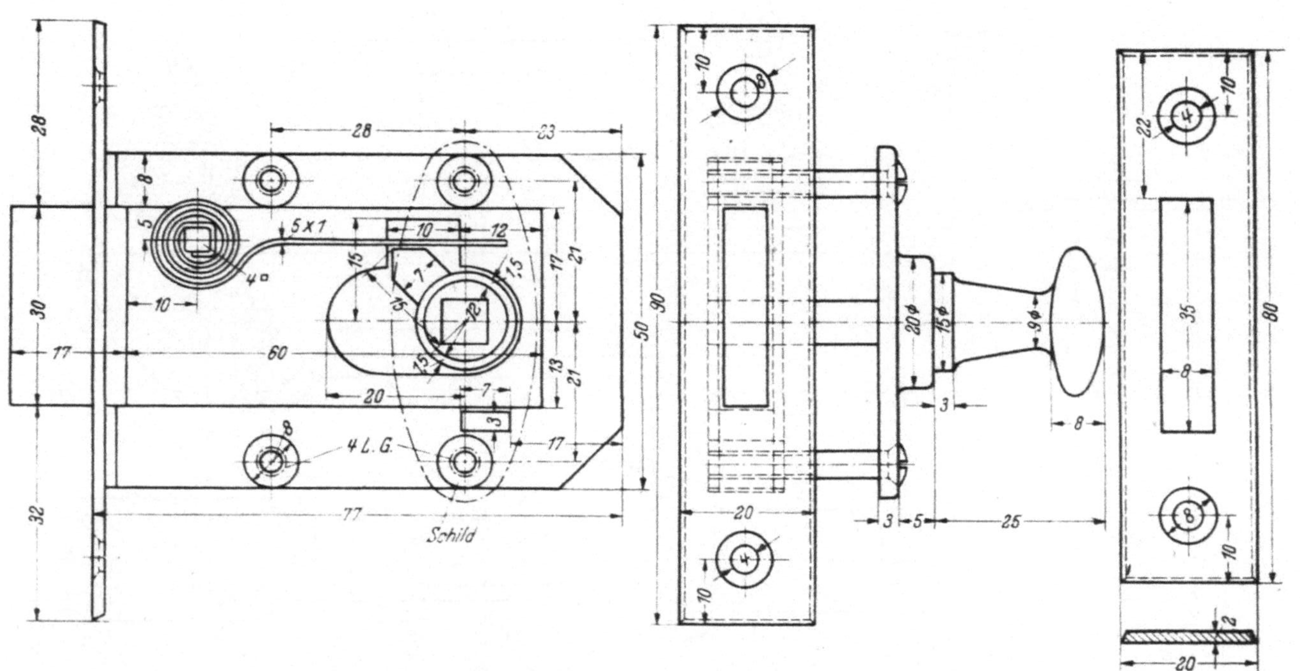

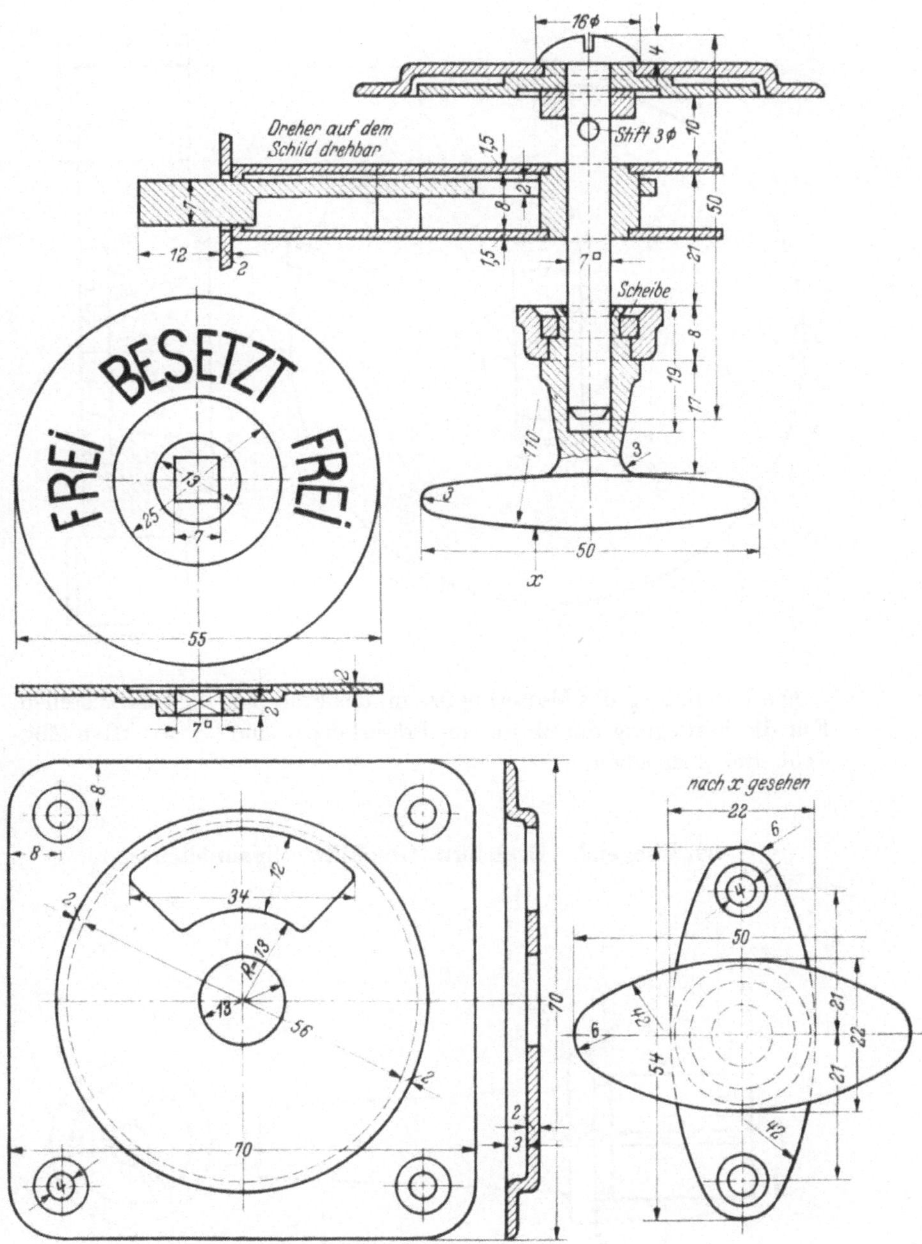

Die Einzelteile des Schlosses sind — jedes für sich — werkstattgerecht darzustellen.

88. Messerkopf (Fräser).

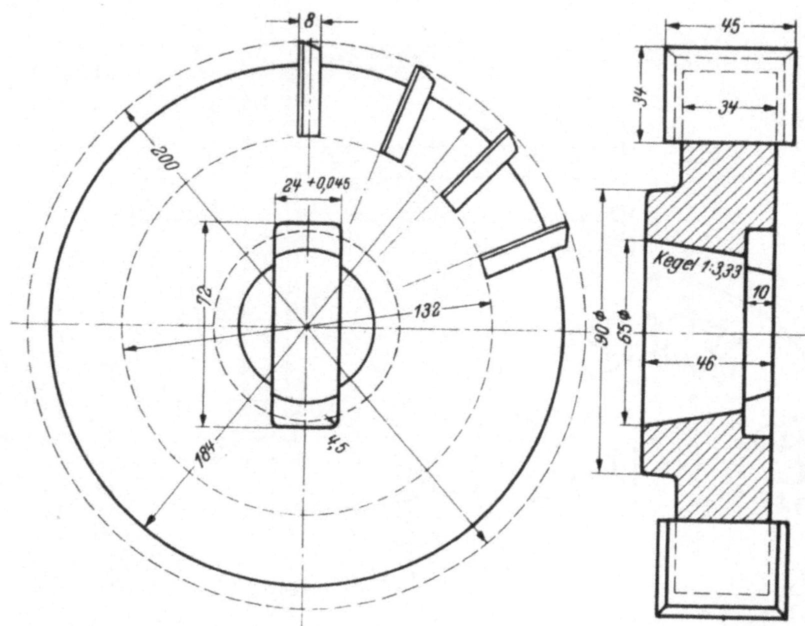

Die Verbindung des Messerkopfes mit der Frässpindel ist darzustellen. Für die Festlegung der Messer im Fräserkörper sind konstruktive Möglichkeiten anzugeben.

89. Fliegender Drehdorn. Geschlitzte Spannbüchse.

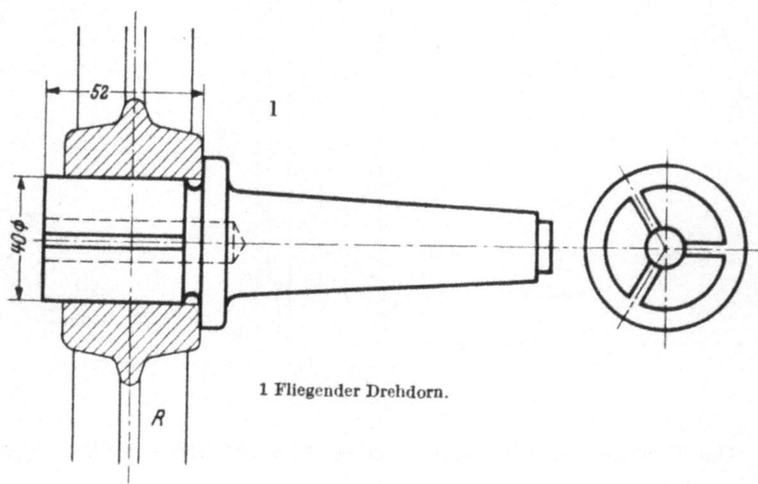

1 Fliegender Drehdorn.

1. Drehdorn. Die Riemenscheibe R mit fertiger Bohrung soll auf dem dreifach geschlitzten Zapfen des Drehdorns durch Auseinanderspreizen zum Außendrehen zentrisch festgespannt werden. Die konstruktiven Mittel zum Aufweiten des geschlitzten Zapfens sind anzugeben.

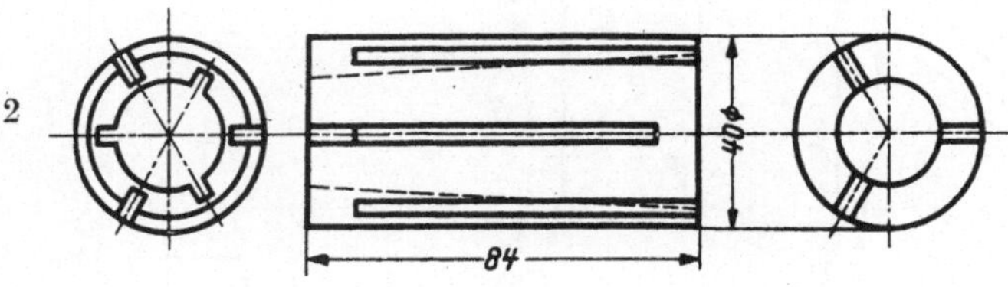

2 Geschlitzte Spannbüchse.

2. Spannbüchse. Jemand hat die Idee, eine sechsfach geschlitzte, außen zylindrische, innen kegelförmige Büchse für einen Ausdehnungsdorn, auf der Drehbank zwischen den Spitzen gelagert, zu benutzen. Der fertige Ausdehnungsdorn mit einem Arbeitsstück ist werkstattgerecht darzustellen.

90. Zweibackenfutter.

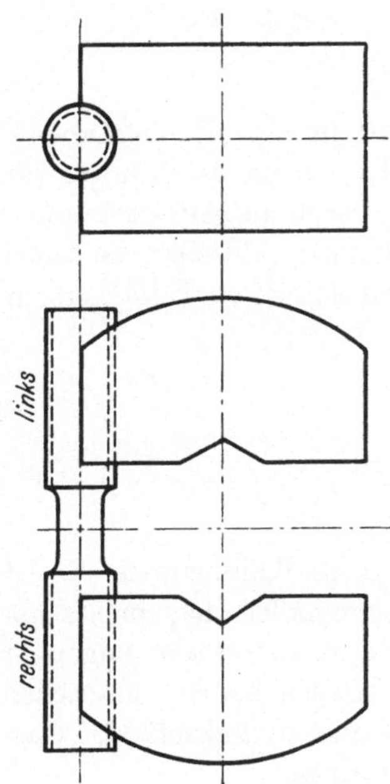

Jemand hat die Idee, eine Spindel mit rechts- und linksgängigem Gewinde, wie in der Skizze angedeutet, zu einem zentrisch spannenden Zweibackenfutter zu verwenden. Ein solches Futter ist werkstattgerecht darzustellen.

91. Rohrkrümmer.

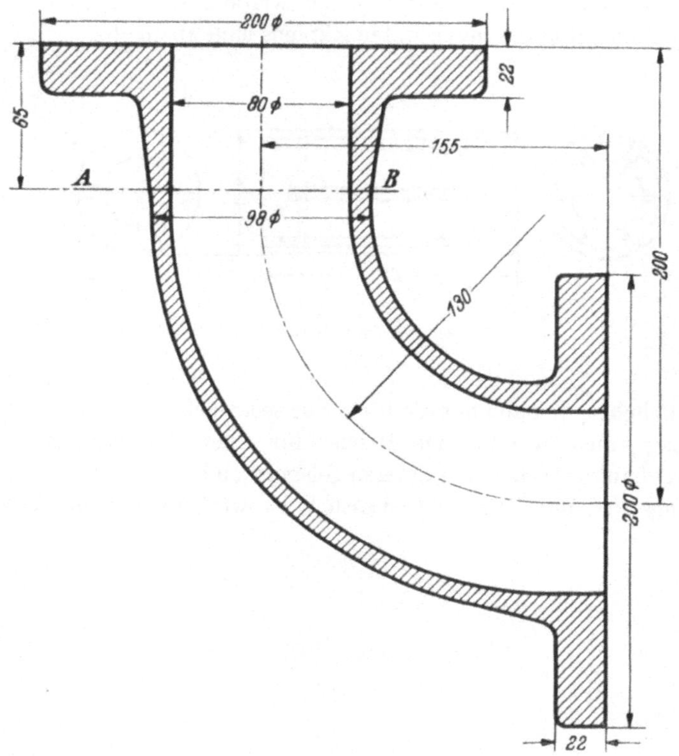

In den dargestellten Krümmer für eine Luftleitung soll eine Drosselklappe eingebaut werden, deren Achse in der Ebene $A—B$ liegt. Die Drosselklappe kann in Grauguß oder in Stahlblech ausgeführt werden. Die jeweilige Stellung der Drosselklappe muß außen ablesbar, sie selbst in jeder Stellung feststellbar sein. Die Konstruktion ist werkstattgerecht auszuführen.

92. Auspuffkrümmer.

Der dargestellte Auspuffkrümmer bedarf eines Kühlmantels. Er ist entsprechend umzukonstruieren. An den Innenmaßen darf nichts geändert werden; alles übrige kann der neuen Konstruktion angepaßt werden. An Stelle der Durchsteckschrauben können bei den Flanschen Stiftschrauben verwendet werden. Wasserzu- und -abfluß mit $7/8''$ Gasrohr. Die Zeichnung des Krümmers ist anzufertigen.

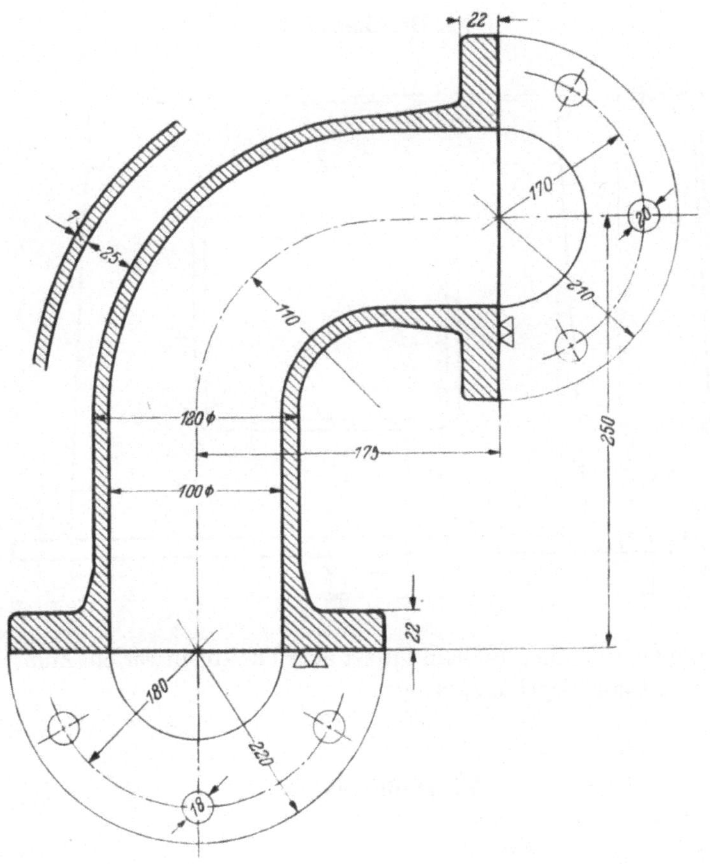

93. Kranlaufrad.

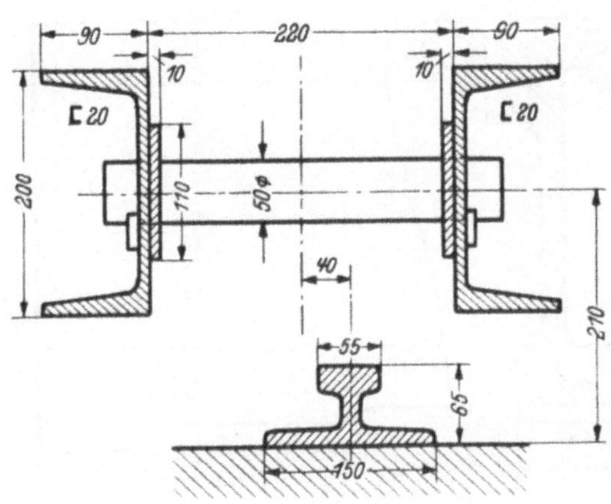

Das Kranlaufrad ist werkstattgerecht darzustellen.

94. Drehbankfuß.

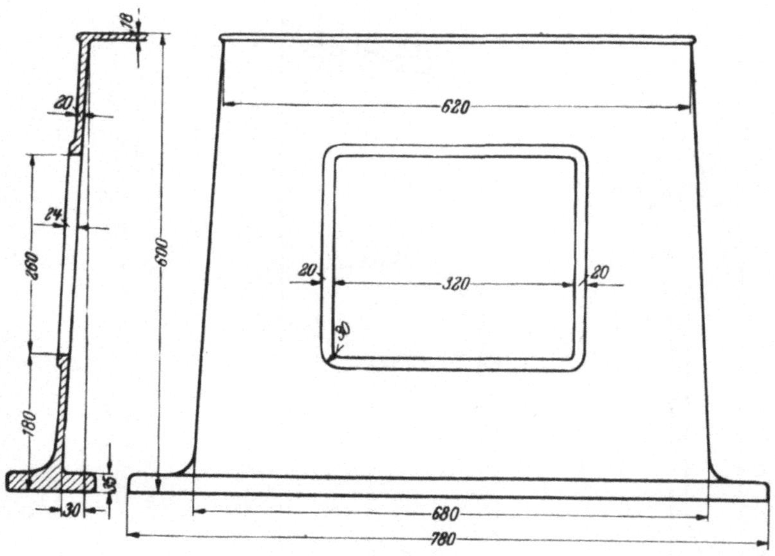

Für die Öffnung im Drehbankfuß ist eine Tür zu entwerfen. Zum Verschließen ist ein Riegel anzubringen.

95. Drehbankbett.

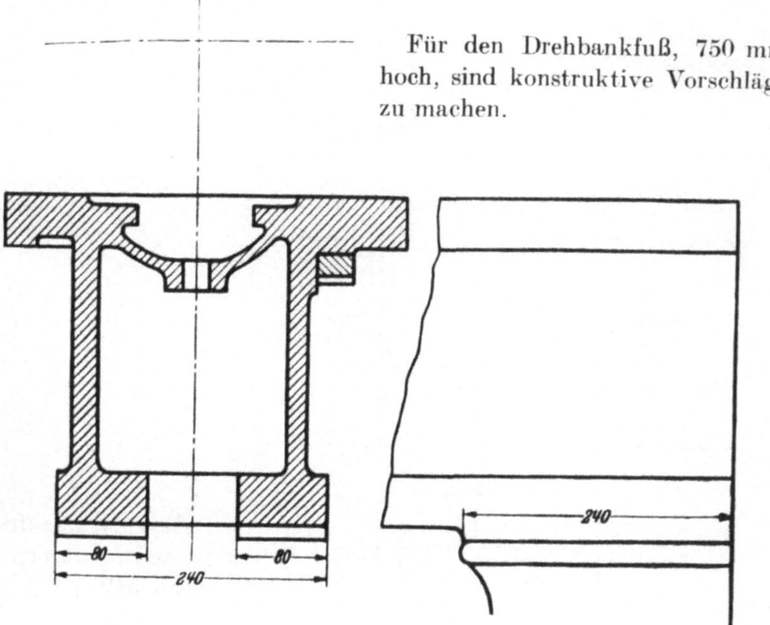

Für den Drehbankfuß, 750 mm hoch, sind konstruktive Vorschläge zu machen.

96. Supportschlitten.

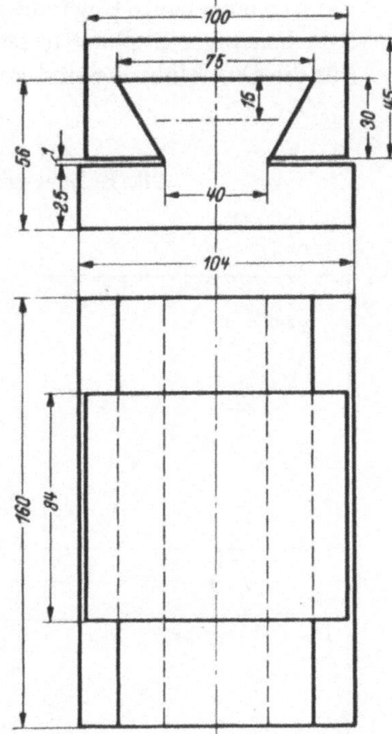

In den Unterschlitten ist eine Transportspindel, in den Oberschlitten eine dazugehörige Spindelmutter so einzubauen, daß durch Drehen der Spindel mittels aufgesetzter Kurbel der Oberschlitten auf dem Unterteil bewegt werden kann. Die Zeichnung ist werkstattgerecht auszuführen.

97. Gehäuse mit längsbeweglicher Spindel.

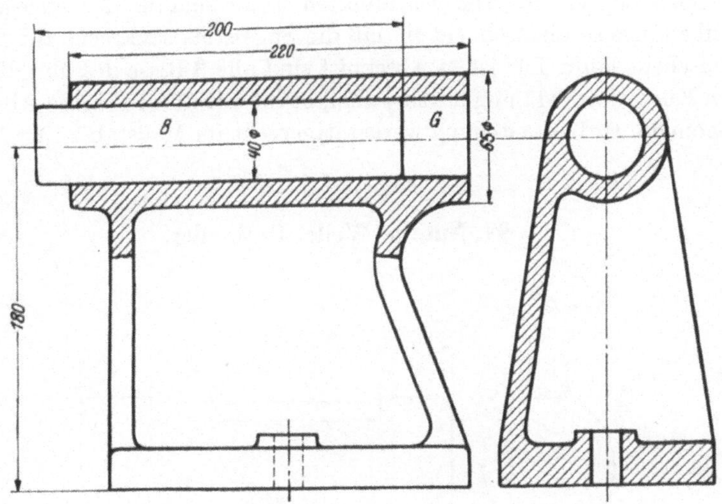

Die Spindel B soll

1. keine Drehbewegung zulassen,

2. durch eingebaute Gewindespindel und Mutter axial beweglich sein,
3. in beliebiger Stellung feststellbar sein.
Für die Durchführung sind konstruktive Vorschläge zu machen.

98. Bohrerspitze aus Schnellstahl.

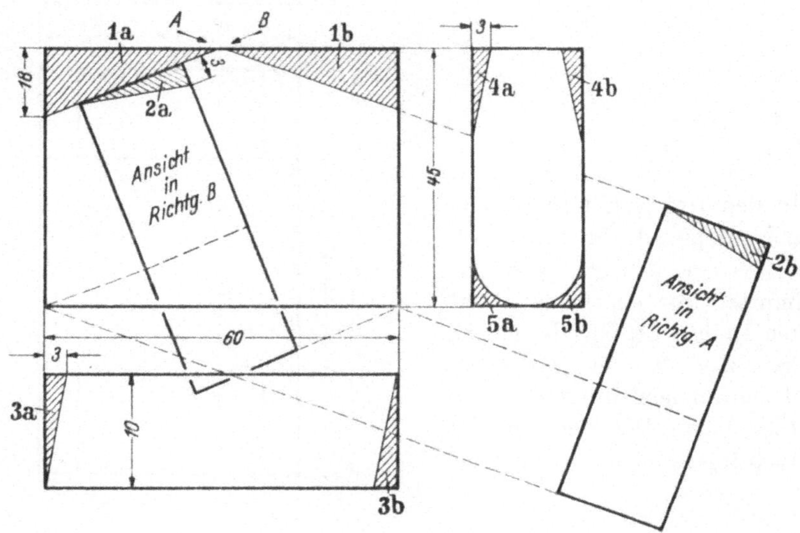

Gegeben ist ein Stück Schnellstahl von der Form eines vierseitigen Prismas 60 · 45 · 10. Die schraffierten Teile sind in der angegebenen Reihenfolge so abzuschneiden, daß die Säge stets senkrecht zur Projektionsebene läuft. Für jeden Abschnitt sind alle 3 Risse des übrigbleibenden Körpers vollständig darzustellen, bevor mit dem nächsten Abschnitt begonnen wird. Darstellung werkstattgerecht im Maßstab 2 : 1.

99. Nute in Welle. Drehteller.

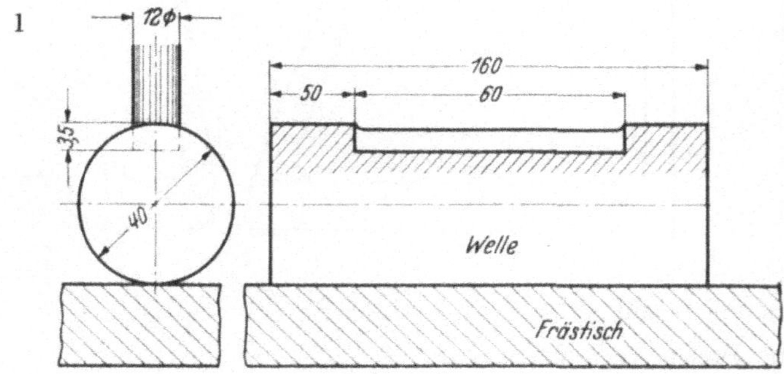

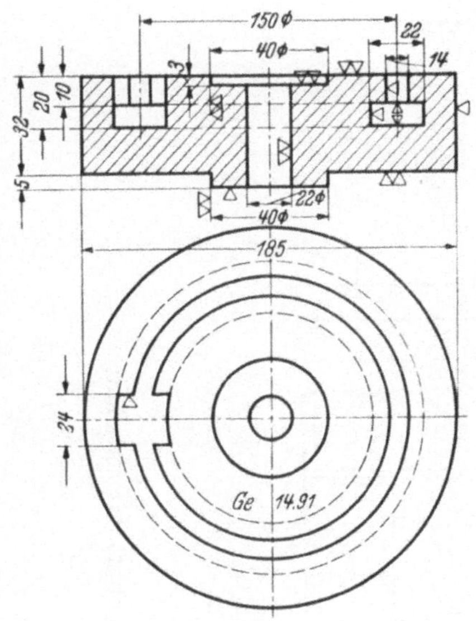

1. Nute in Welle. Für die Festlegung der Welle auf dem Frästisch zum Zwecke des Nutenfräsens sind in Gestalt von Skizzen Vorschläge zu machen. Ein passendes Zwischenstück kann benutzt werden.

2. Drehteller. Die Stadien der Bearbeitung des Drehtellers sind skizzenhaft anzugeben.

100. Nutenplatte.

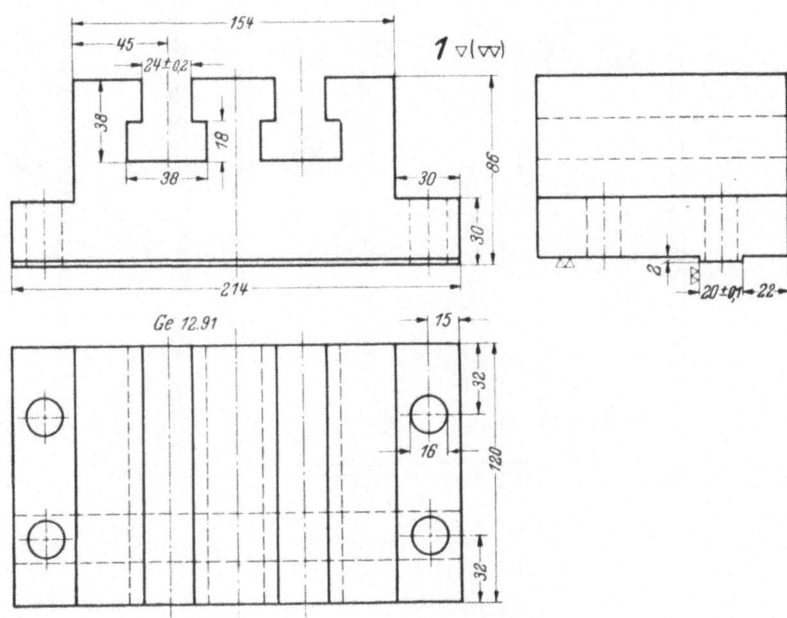

Die Nutenplatte wird von der Gießerei ohne Nuten, sonst mit 3 mm Bearbeitungszugabe geliefert. Sie ist als Einzelstück herzustellen. Die einzelnen Bearbeitungsstadien sind skizzenhaft anzugeben.

101. Türband.

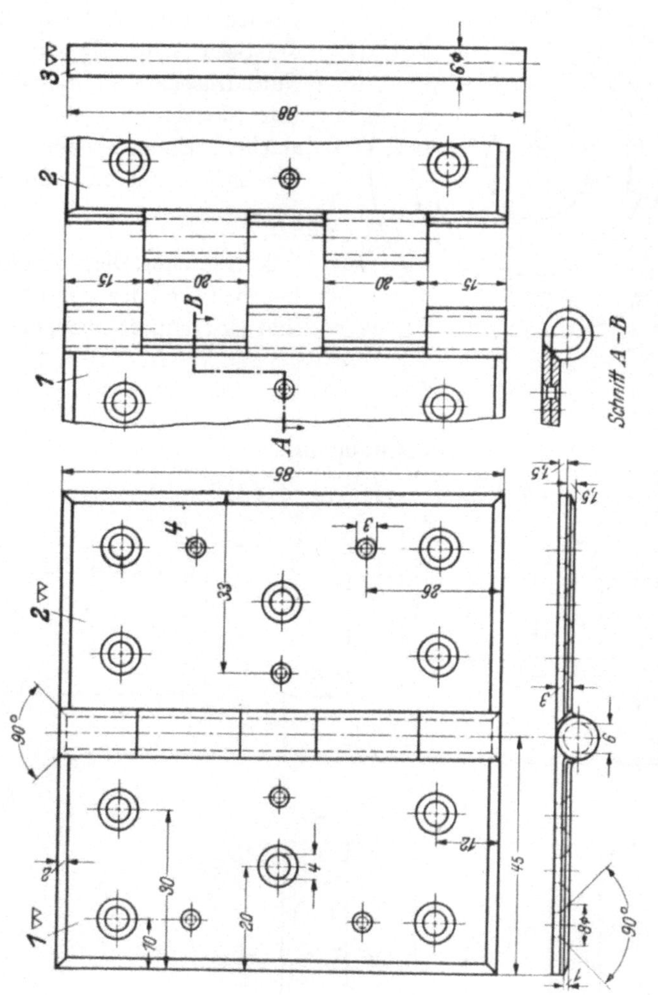

Die Herstellungsstadien des Türbandes sind skizzenhaft darzustellen,

a) für ein Einzelstück,

b) für Mengenfertigung.

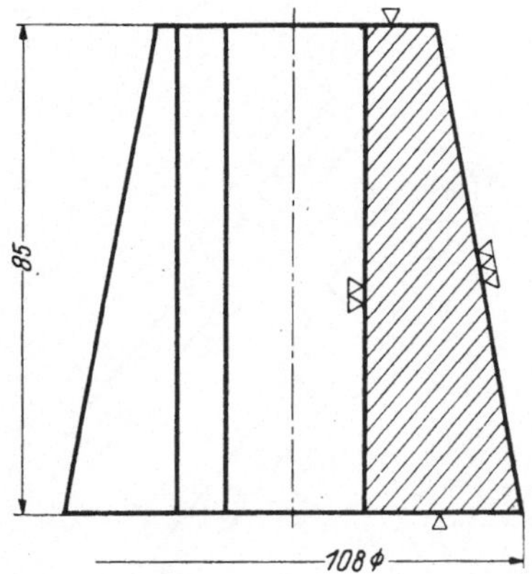

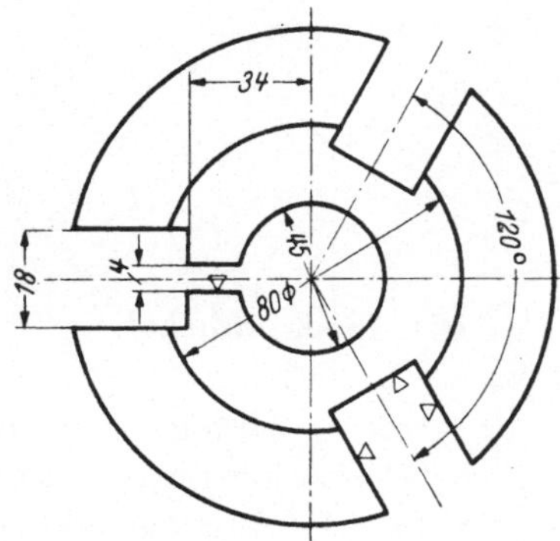

102. Kupplungskegel.

Die Vorderansicht des Kupplungskegels ist zu zeichnen. Die Bearbeitungsstadien sind skizzenhaft anzugeben.

Werkstoff: Ge 18.91.

103. Gleitmuffe.

Die Seitenansicht der Gleitmuffe ist zu zeichnen, und zwar halb im Schnitt, halb in Ansicht. Die Bearbeitungsstadien sind für Einzelfertigung skizzenhaft anzugeben.

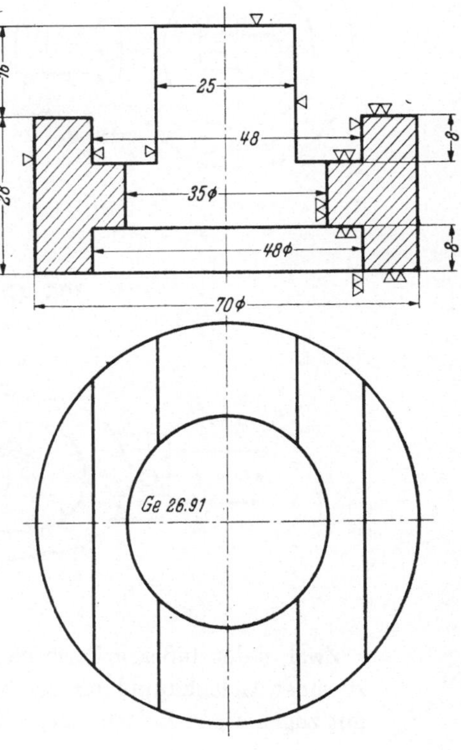

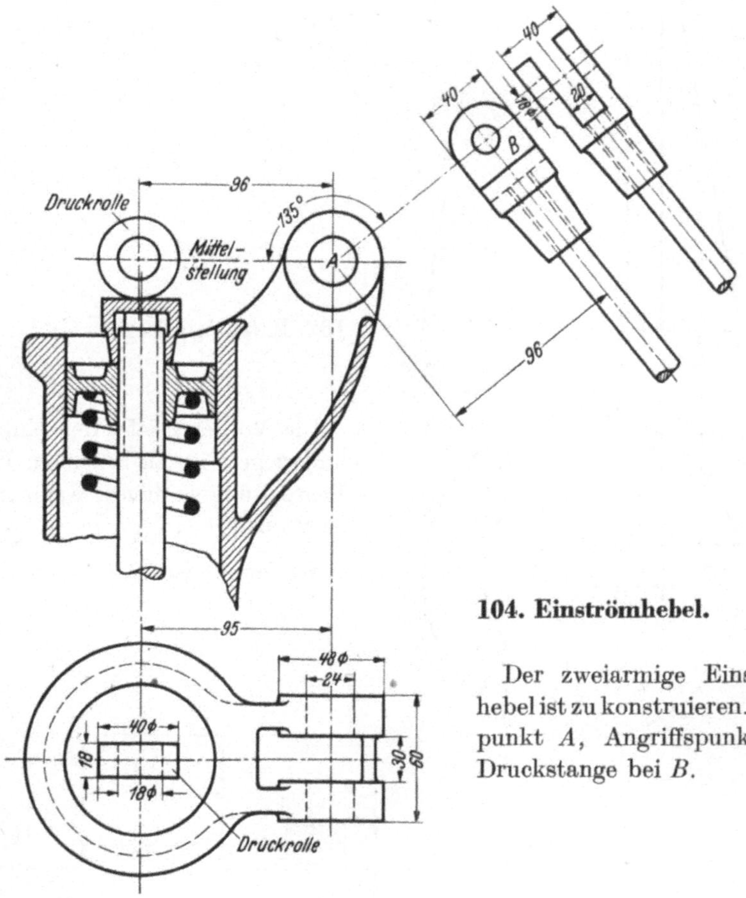

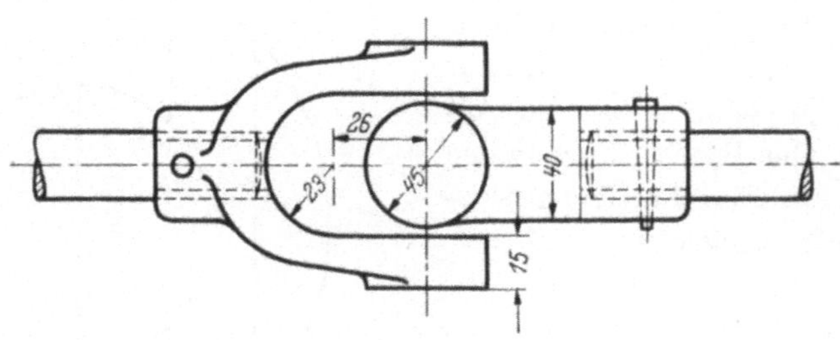

104. Einströmhebel.

Der zweiarmige Einströmhebel ist zu konstruieren. Drehpunkt *A*, Angriffspunkt der Druckstange bei *B*.

105. Gelenkkupplung.

Zwei in der äußeren Form gleiche Gabelstücke sollen, wie dargestellt, zu einer Gelenkkupplung vereinigt werden. Das Verbindungsstück ist mit zugehörigen Bolzen bzw. Schrauben zu konstruieren.

106. Parallelreißer.

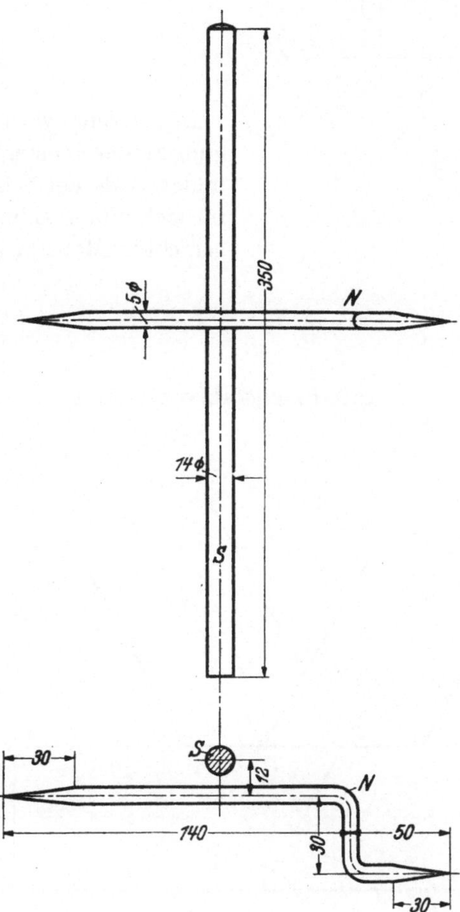

Für die aufrecht stehende Stange S ist ein gußeiserner runder Fuß (80 ⌀) zu entwickeln. Die Reißnadel N ist mit der Stange S so zu verbinden, daß sie zu deren Achse senkrecht steht und in Richtung ihrer eigenen Achse und senkrecht dazu (in Richtung der Stangenachse) bewegt werden kann. Nadel und Stange müssen sich in beliebiger Stellung starr miteinander verbinden lassen. Der Parallelreißer als Ganzes ist zu entwerfen, und die Einzelteile sind jedes für sich werkstattgerecht darzustellen. Eine Stückliste ist hinzuzufügen.

107. Fenstersprossenkreuz.

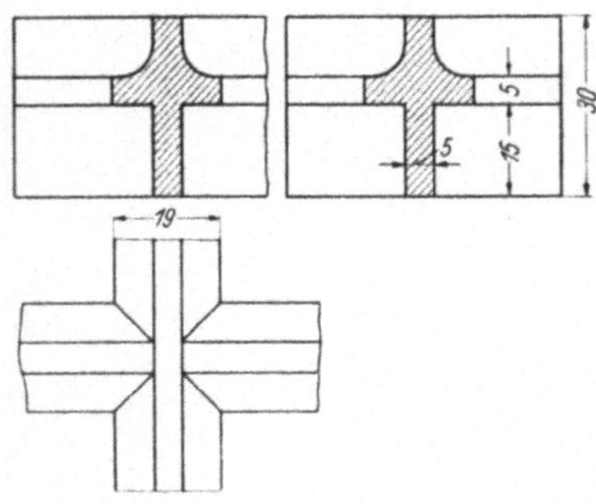

Das Kreuz wird durch Vereinigung zweier Fenstersprosseneisen gebildet. Jede der beiden Sprossen ist für sich mit Ausklinkung werkstattgerecht im Maßstab 2 : 1 darzustellen.

108. Flachstahlverbindung.

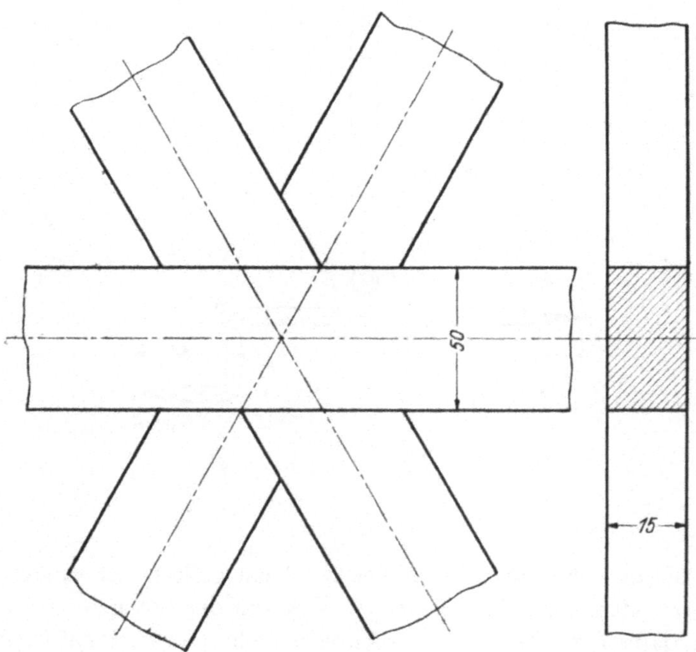

Die drei Stäbe sind so auszuklinken, daß das Bündel auch in der Mitte 15 mm dick bleibt.

Jeder Stab ist für sich mit Ausklinkung werkstattgerecht darzustellen.

109. Ringbiegevorrichtung.

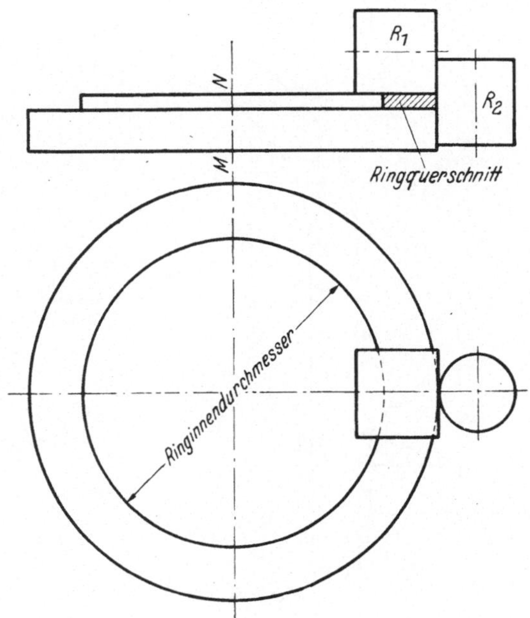

Die Skizze zeigt schematisch die Idee einer Vorrichtung zum Biegen von Ringen aus Band- oder Flachstahl. Grundgedanke: Zwei Rollen R_1 und R_2, in einem um die Achse M—N drehbaren Hebel gelagert, zwingen beim Drehen den ursprünglich geraden Bandstahl in die Ringform. Die Vorrichtung, auf verschiedene Ringdurchmesser und verschieden große Querschnitte des Bandstahls einstellbar, ist werkstattgerecht aufzuzeichnen.

110. Kreisschneider für Glasscheiben.

Für das Ausschneiden kreisrunder Glasscheiben aus einer rechteckigen Scheibe ist eine Vorrichtung zu konstruieren. Anzeichnen fällt fort; der Mittelpunkt darf auf dem Glase nicht markiert werden. Der Scheibendurchmesser muß sich am Apparat einstellen lassen.

111. Lampenhalter.

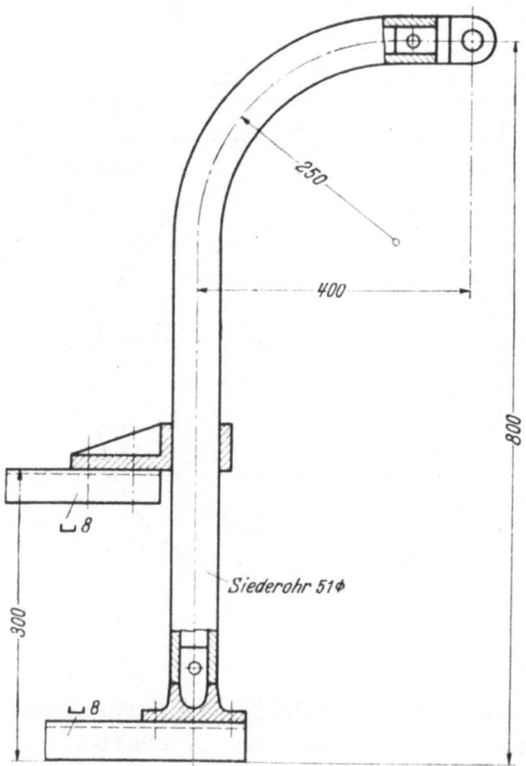

Der drehbare Lampenhalter ist in der Konstruktion wesentlich zu vereinfachen, indem das Siederohr durch einen Träger **T** 5 ersetzt wird. Die Schwenkbarkeit muß erhalten bleiben.

(Aus dem „Erfahrungsaustausch".)

112. Winden-Seiltrommel und Zahnrad.

Das Zahnrad soll mit der Trommel starr verbunden werden, und zwar so, daß beide Teile gleiche Achse haben. Der Abstand beider Teile voneinander ist durch die Konstruktion festzulegen. Konstruktive Vorschläge für die Art der Verbindung sind zu machen.

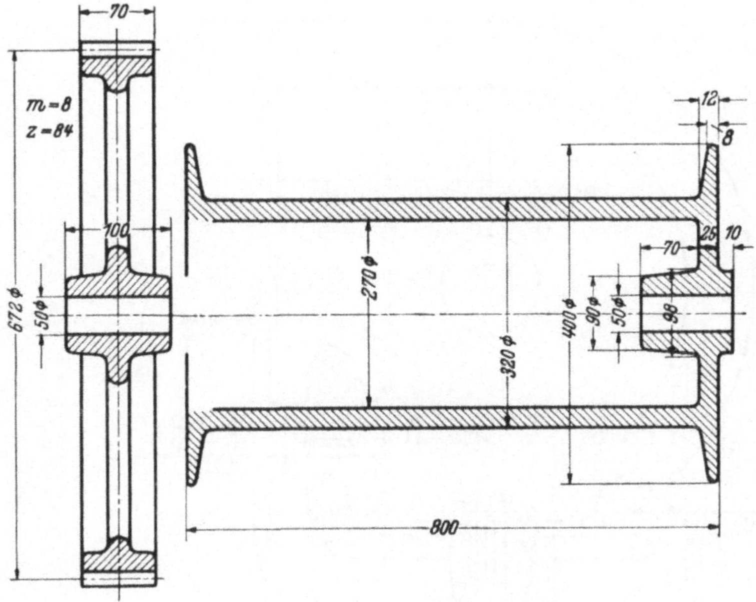

113. Stufenscheibe mit Vorgelegezahnrad.

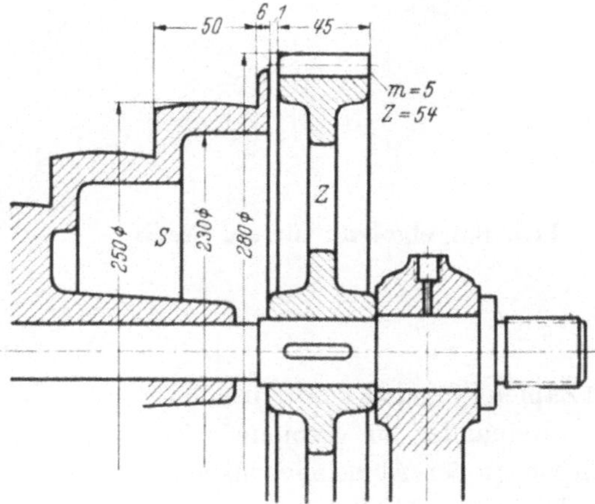

Stufenscheibe S sitzt lose auf der Spindel, Zahnrad Z ist durch Paß-
feder fest mit ihr verbunden. Für eine möglichst einfache, leicht zu
betätigende Kupplung des Zahnrades mit der Stufenscheibe sind Ausführungen zu entwickeln. An den gegebenen Teilen können Gestalt-
änderungen, soweit sie die eingetragenen Maße nicht berühren, vorgenommen werden.

114. Kegelrädergetriebe.

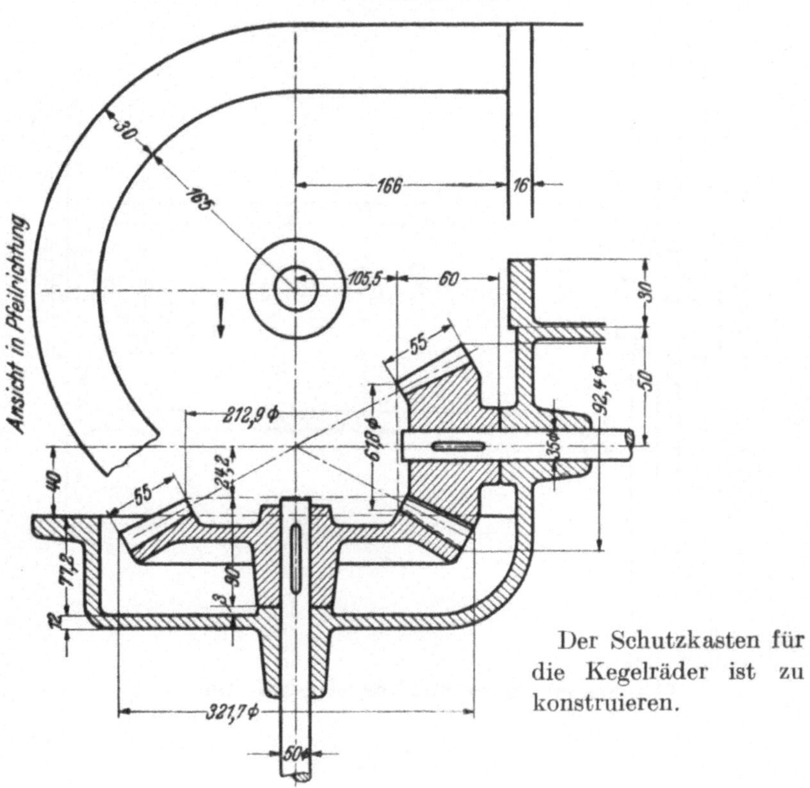

Der Schutzkasten für die Kegelräder ist zu konstruieren.

115. Kugelgelenk für ein Stativ.

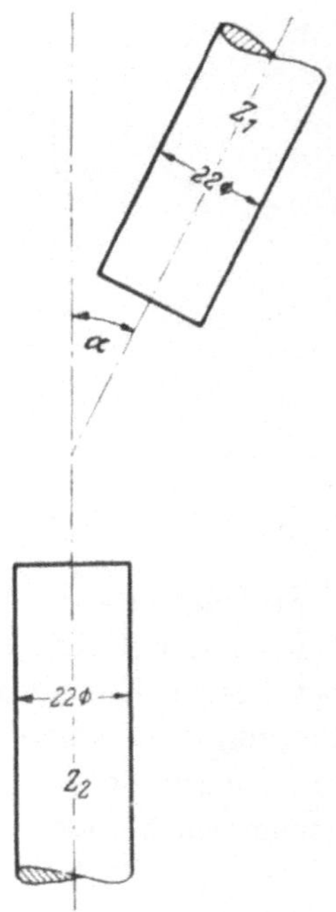

Die beiden Zapfen Z_1 und Z_2 sind durch ein Kugelgelenk miteinander zu verbinden. Es ist ein möglichst großer Ausschlagwinkel α anzustreben. Bei einer gewählten Lage sollen die beiden Zapfen gegeneinander feststellbar sein. Die Fassung ist mit Z_2 fest zu verbinden, Z_1 bleibt in seiner Fassung drehbar, muß sich aber auch feststellen lassen.

Die Kugelgelenkverbindung ist werkstattgerecht darzustellen.

116. Schloßriegel.

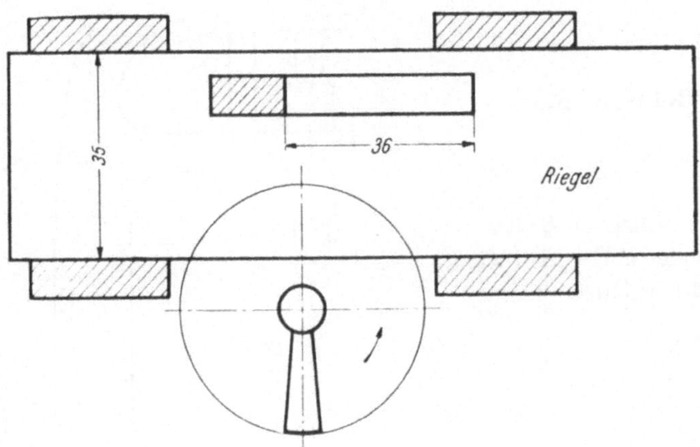

Der Riegel soll sich bei zweimaliger Umdrehung des Schlüssels in der angegebenen Drehrichtung um 36 mm nach links bewegen. Dazu ist eine Einrichtung zu schaffen, die nach vollendeter Umdrehung des Schlüssels die Lage des Riegels selbsttätig festlegt (Zuhaltung). Der Schlüssel muß während seiner Drehung diese Einrichtung außer Kraft setzen. Abmessungen und Lage des Schlüssels und die Ausschnitte am Riegel sind zu bestimmen, und die Zuhaltung ist einzuzeichnen.

117. Ölbremse.

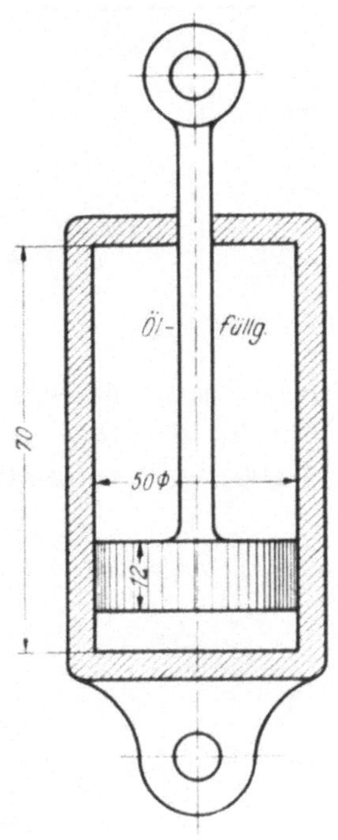

Eine Ölbremse, mit dem Regler einer Maschine gekuppelt, soll dessen sprunghaftes Reagieren verhindern. Sie ist entsprechend nebenstehender schematischen Skizze ein mit Öl gefüllter, öldichter Zylinder, in dem sich ein längsbeweglicher Kolben befindet. Bei der Bewegung des Kolbens muß das Öl widerstandbietend von einer Seite des Kolbens auf die andere fließen können. Die Stärke des Widerstandes soll — möglichst von außen her — einstellbar sein.

Die Ölbremse ist werkstattgerecht aufzuzeichnen.

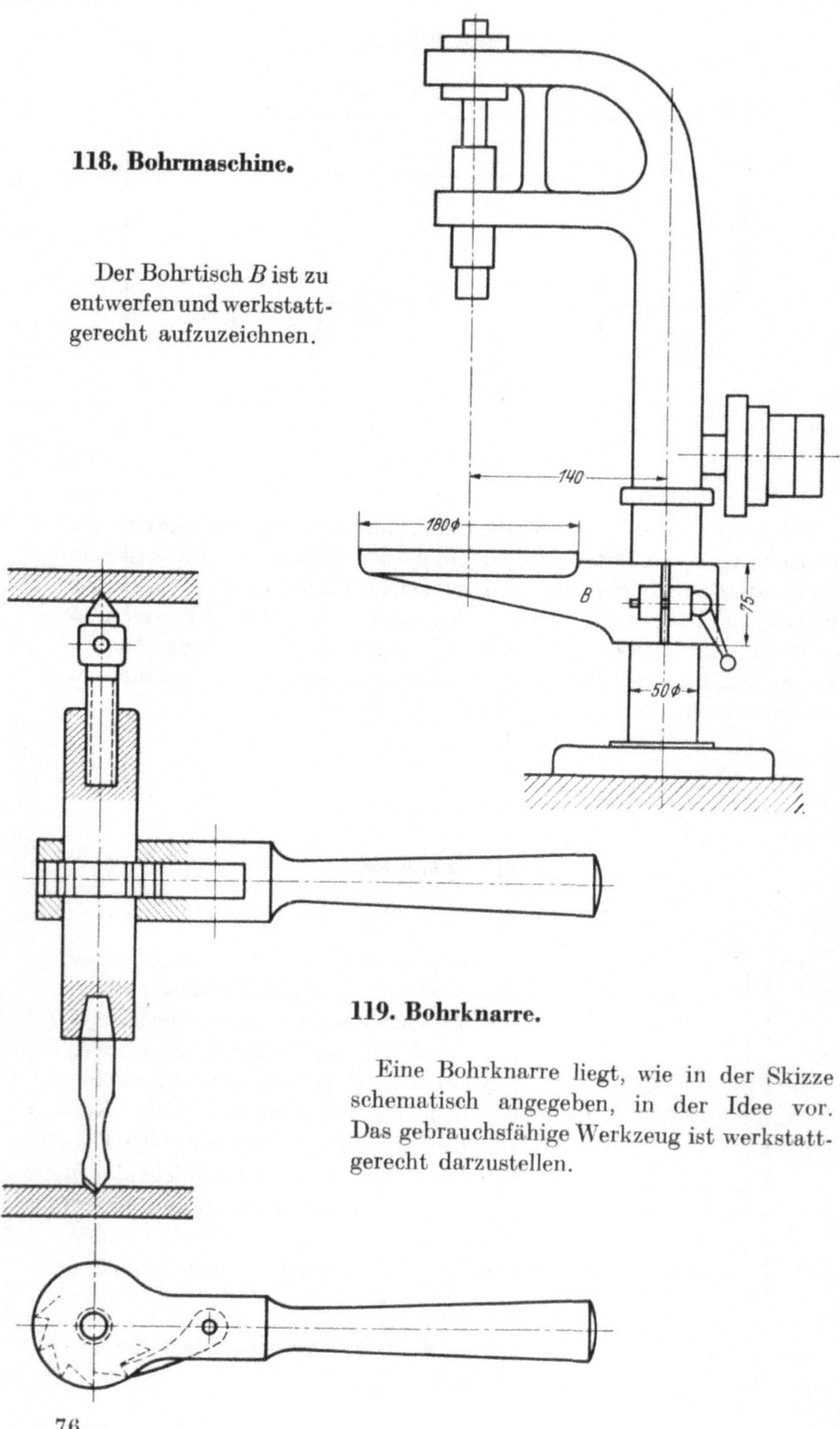

118. Bohrmaschine.

Der Bohrtisch *B* ist zu entwerfen und werkstattgerecht aufzuzeichnen.

119. Bohrknarre.

Eine Bohrknarre liegt, wie in der Skizze schematisch angegeben, in der Idee vor. Das gebrauchsfähige Werkzeug ist werkstattgerecht darzustellen.

120. Absperrschieber.

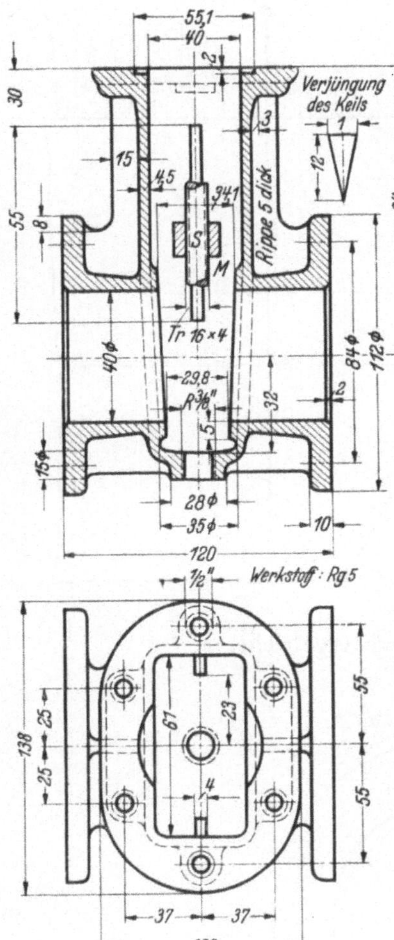

Das keilförmige Absperrorgan des Schiebers ist zu konstruieren. Die drehbare, axial festliegende Gewindespindel S soll unter Benutzung der Mutter M den Keil bewegen. Es ist dafür zu sorgen, daß der Keil lediglich die geradlinige Auf- und Abbewegung, aber keine Drehbewegung um die Spindelachse ausführen kann.

121. Laufkatze.

Die durch zwei 12 mm dicke Bleche gebildete Laufkatze eines Hebezeugs soll sich auf vier Laufrollen längs des I-Trägers bewegen. Die Laufrollenanordnung mit den zugehörigen Tragbolzen (35 mm $\varnothing$) ist zu entwickeln.

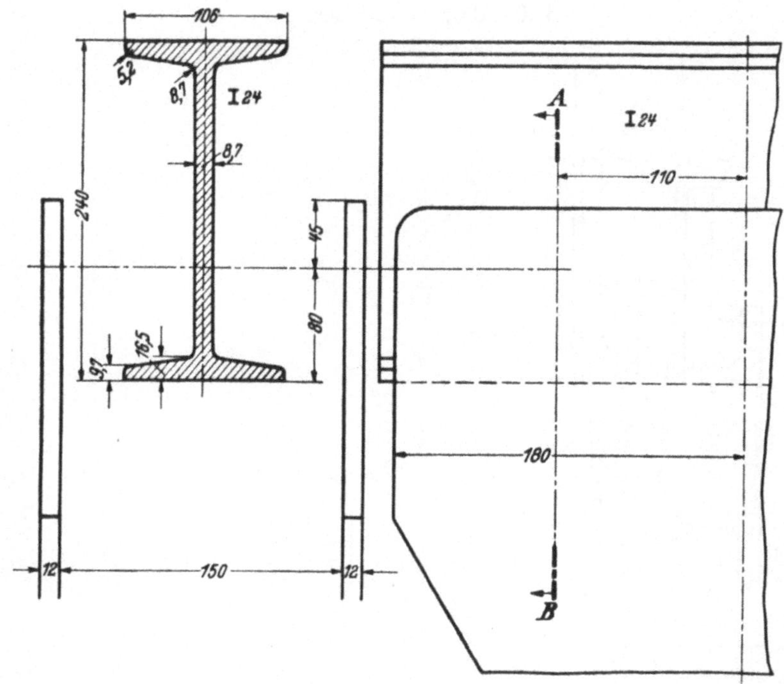

122. Schraubenrädergetriebe.

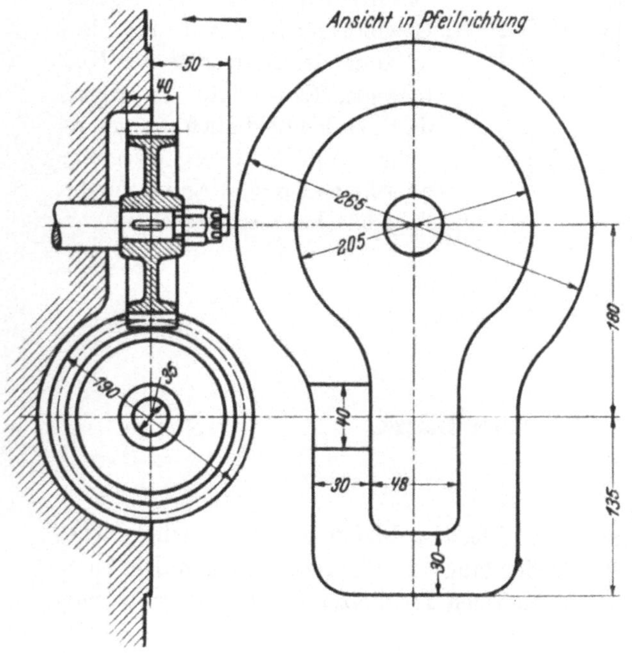

Der Räderschutzkasten ist zu entwerfen

a) in Gußeisen,
b) in Stahlblech.

123. Schmiedeteile.

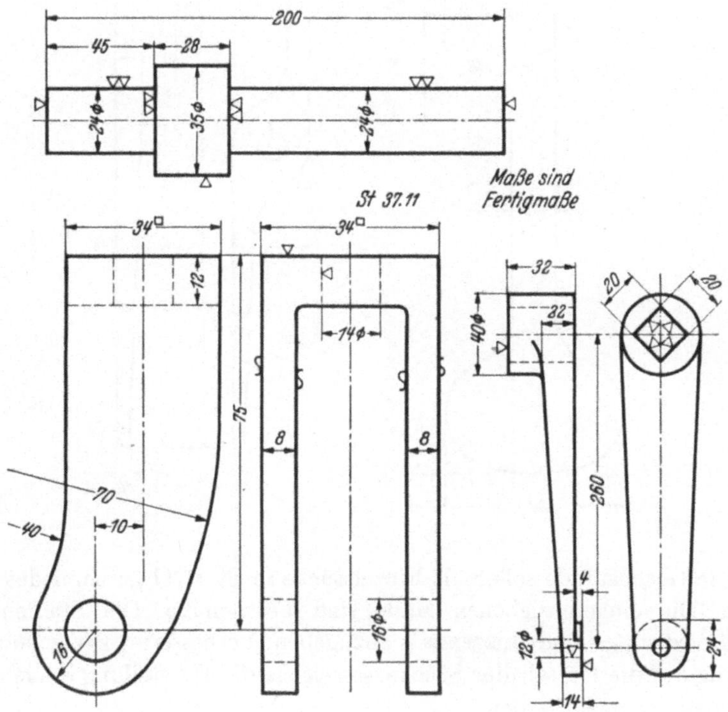

Die Gegenstände sollen als Einzelstücke in St 37.11 geschmiedet werden. Die eingeschriebenen Maße sind Fertigmaße. Die Stadien des Schmiedeaktes sind skizzenhaft anzugeben. Verbesserungsvorschläge in bezug auf die Gestalt der Stücke, soweit sie die Herstellung erleichtern, können gemacht werden.

124. Schmiedeteile.

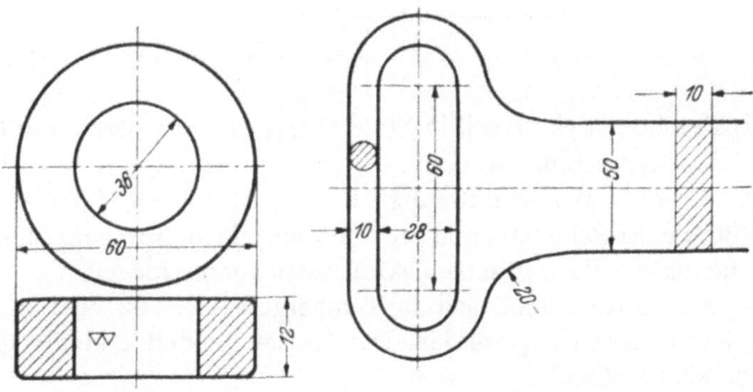

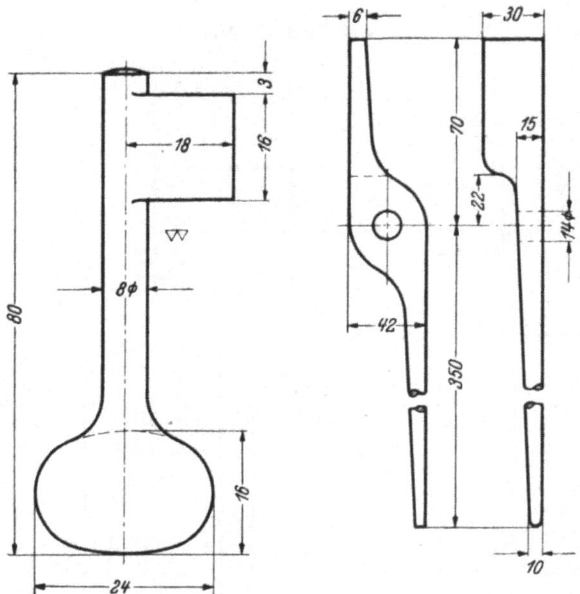

Die Gegenstände sollen als Einzelstücke in St 37.11 geschmiedet werden. Die eingeschriebenen Maße sind Fertigmaße. Die Stadien des Schmiedeaktes sind skizzenhaft anzugeben. Verbesserungsvorschläge in bezug auf die Gestalt der Stücke, soweit sie die Herstellung erleichtern, können gemacht werden.

125. Spannschloß.

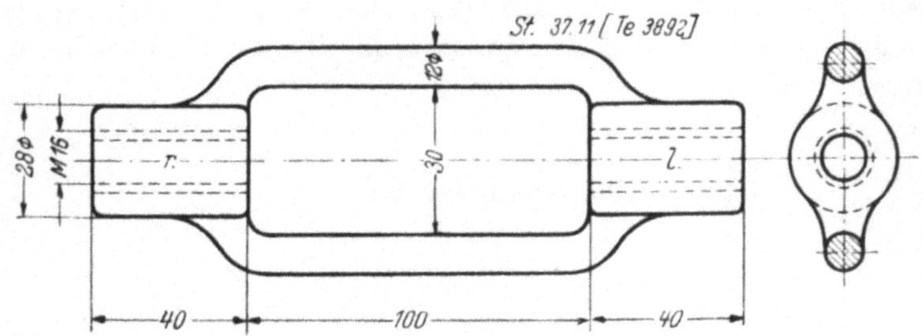

a) Das Spannschloß soll in Stahl (St 37.11) hergestellt werden
 α) als Einzelstück,
 β) in Mengenfertigung.
Für die Einzelherstellung sind die einzelnen Akte, für die Mengenerzeugung die Vorrichtungen skizzenhaft vorzuschlagen.

b) Das Spannschloß soll in Temperguß Te 38.92 oder in Stahlguß Stg 38.81 hergestellt werden. Das Gießereimodell und die gießfertige Form sind skizzenhaft darzustellen.

126. Verbindungsstück. Schleifringkörper. Aufhängevorrichtung. Fußventil.

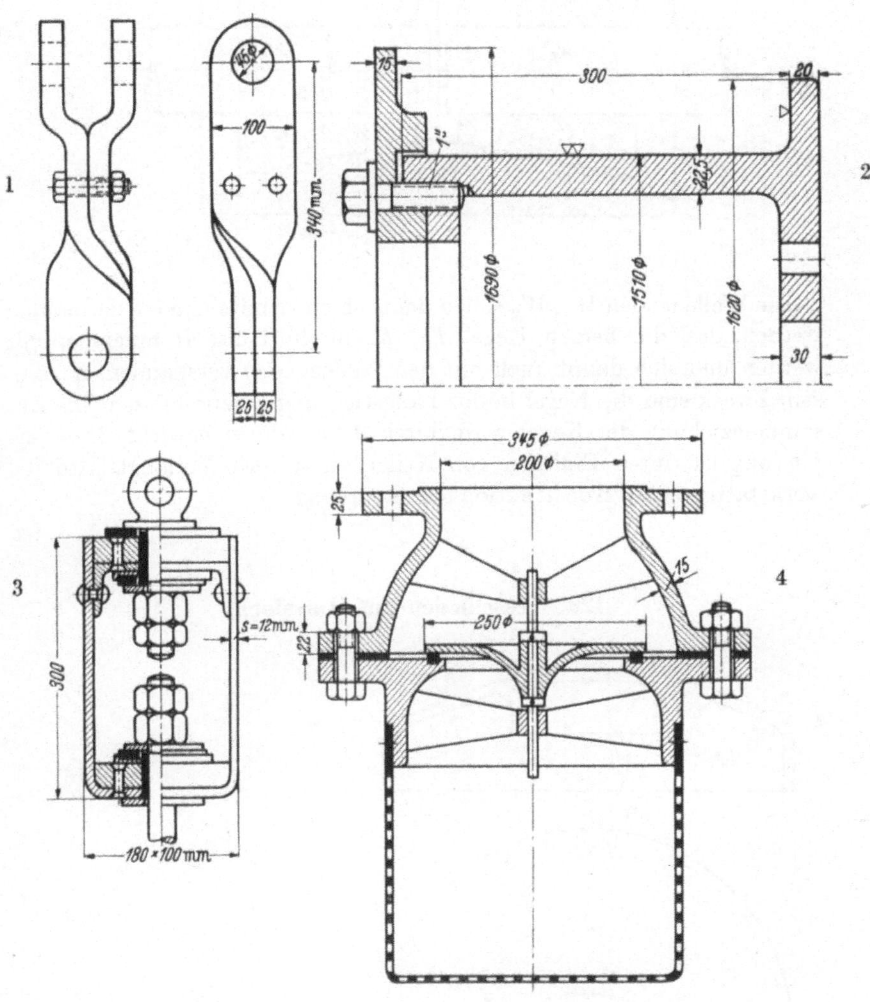

1 Verbindungsstück.
2 Schleifringkörper.
3 Aufhängevorrichtung.
4 Fußventil.

Für die dargestellten Gegenstände sind passende Schweißkonstruktionen vorzuschlagen.

(Aus „Energie" 1936, Heft 8.)

127. Doppelkegelkupplung.

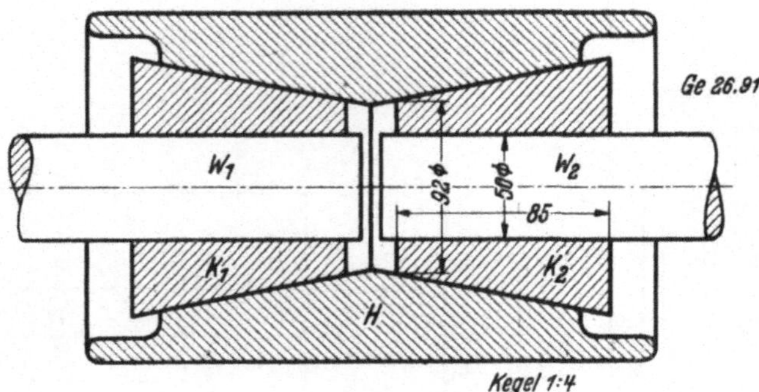

Die Wellenenden W_1, W_2 sollen dadurch starr miteinander verbunden werden, daß die beiden Kegel K_1, K_2 in die Hülse H hineingepreßt werden und sich damit auch mit den Wellenenden verspannen. Zu diesem Zweck sind die Kegel in der Längsrichtung aufzuschlitzen. Die Zusammenziehung der Kegel wird durch 3 Schrauben bewirkt. Die Verbindung ist durch Einlegen von Keilen zu sichern. Verlangt wird die werkstattgerechte Konstruktion der Kupplung.

128. Kesselboden mit Mannloch.

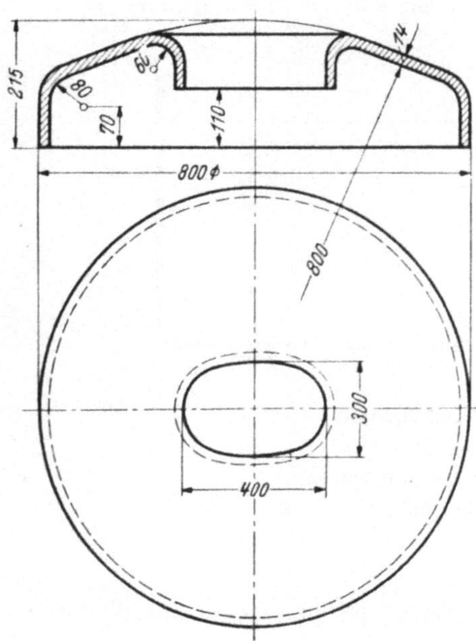

Der Mannlochdeckel und die Mittel zu seiner Befestigung sind zu konstruieren.

129. Ecke eines Ofenherdes.

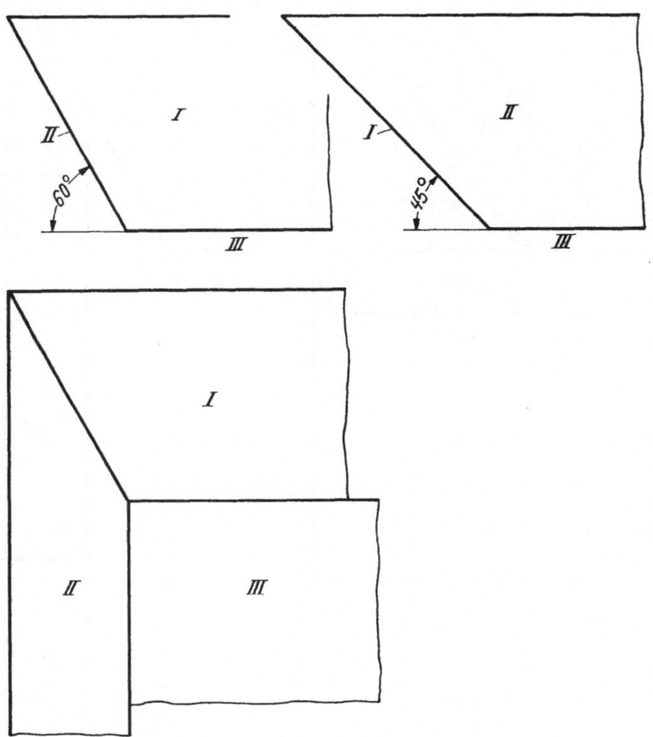

Der Flächenwinkel der beiden Bleche *I* und *II* ist zu bestimmen. Er wird zum Schmiegen des einzulegenden Verbindungswinkelstahls gebraucht. Man kann den Winkel durch Konstruktion und auch durch Rechnung finden.

130. Nute auf schräger Fläche.

Die Nute *N* ist in den dargestellten Körper so einzuarbeiten, daß sie sich durch Einlage des Prismas *P* ganz ausfüllen läßt, ohne daß das Prisma auf der schrägen Fläche übersteht.

a) der Körper mit der Nute ist in 3 Ansichten aufzuzeichnen.

b) Das Prisma *P* ist in 3 Ansichten darzustellen, und zwar in dem Zustande, wo es die Nute ausfüllt, ohne auf der schrägen Fläche und an beiden Enden überzustehen. (Die Nute als Vollkörper gedacht.)

c) Der Hauptkörper mit der Nute *N'* (in der Draufsicht punktiert) diese in Schräglage wie vorher, ist in 3 Ansichten zu zeichnen. Das dazugehörige Prisma ist ebenfalls in 3 Ansichten darzustellen.

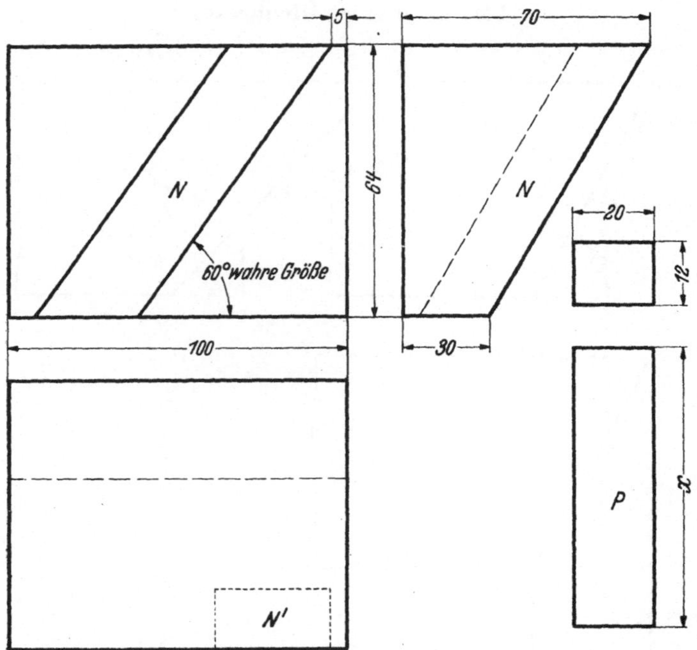

131. Schraubenwinde.

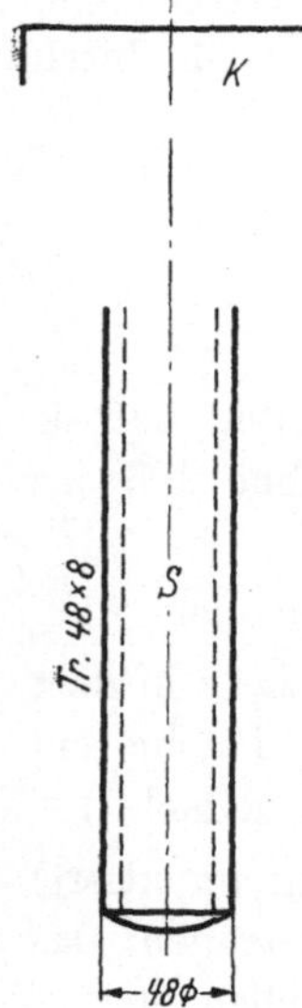

Für das Anheben von schweren Gegenständen (Kraftwagen) auf geringe Höhen ist eine Schraubenwinde (Jäckschraube) zu entwickeln. Größte Hubhöhe 150 mm. Die Länge der Bronzemutter soll 60 mm betragen. Der an der Angriffsfläche gerauhte Kopf K ist kugelgelenkartig mit der Spindel S zu verbinden. Länge des Hebels zum Drehen der Spindel 300 mm.

Für eine gegebene Höchstlast müssen die Beanspruchungen der Spindel und der Mutter nachgerechnet werden.

132. Kegeldrehen.

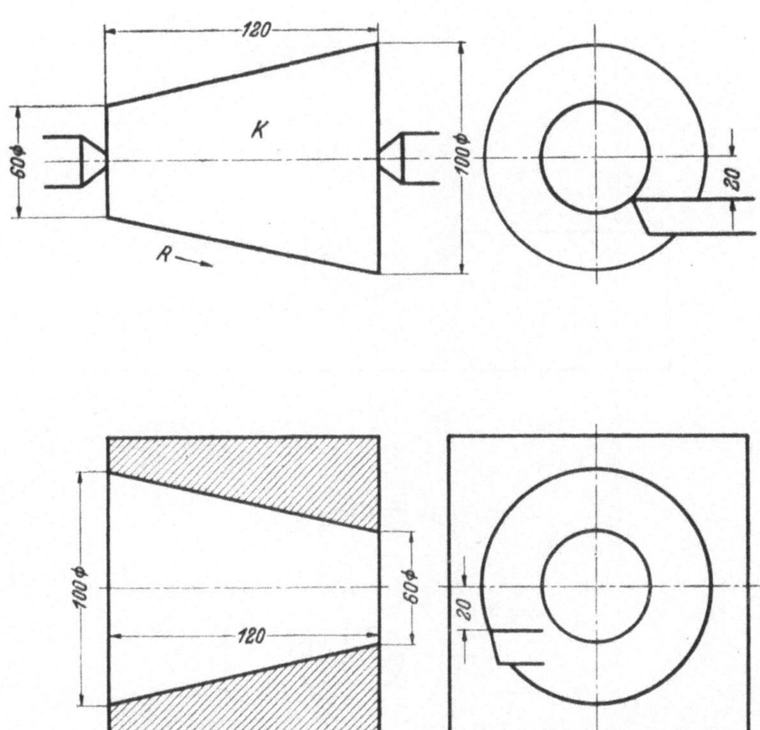

Der Kegel K soll auf der Drehbank zwischen den Spitzen bei Einstellung des Kegelwinkels am Support gedreht werden. Die Drehstahlschneide steht 20 mm unter Achsenhöhe. Das Werkzeug wird auf den kleinen Durchmesser 60 mm genau eingestellt und läuft in Richtung R parallel zur Mantellinie des gewünschten Kegels.

Der entstehende „Kegel" ist zu zeichnen.

Das gleiche für einen Hohlkegel.

133. Fräser. Runder Formstahl.

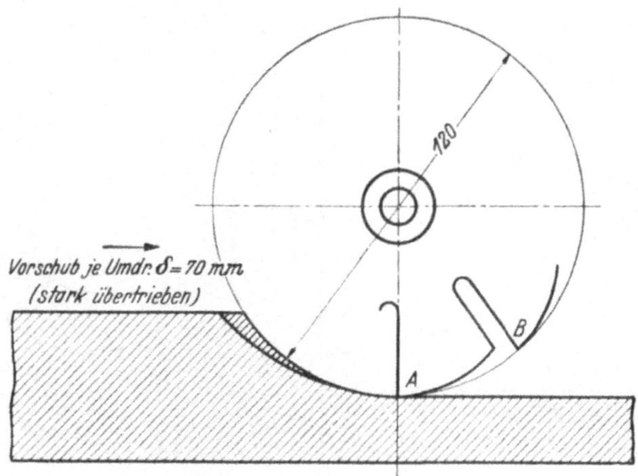

Fräser.

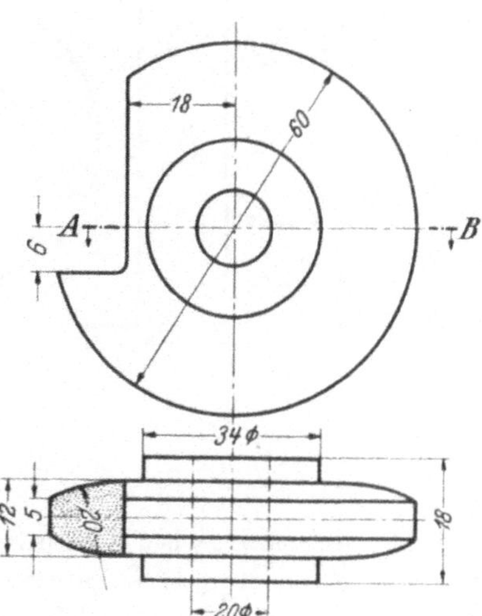

Runder Formstahl.

a) Fräser. Die Bahnen der Punkte A und B relativ zum Arbeitsstück sind zu konstruieren. Es sei dabei (im Gegensatz zur Wirklichkeit) angenommen, daß das Werkstück feststeht und der Fräser außer der Drehbewegung auch die Vorschubbewegung macht.

b) Rundstahl. Form und Größe der schattierten Fläche müssen genau eingehalten werden. Das dementsprechende Profil des Rundstahls (Schnitt $A{-}B$) ist zu konstruieren.

134. Drehstahl.

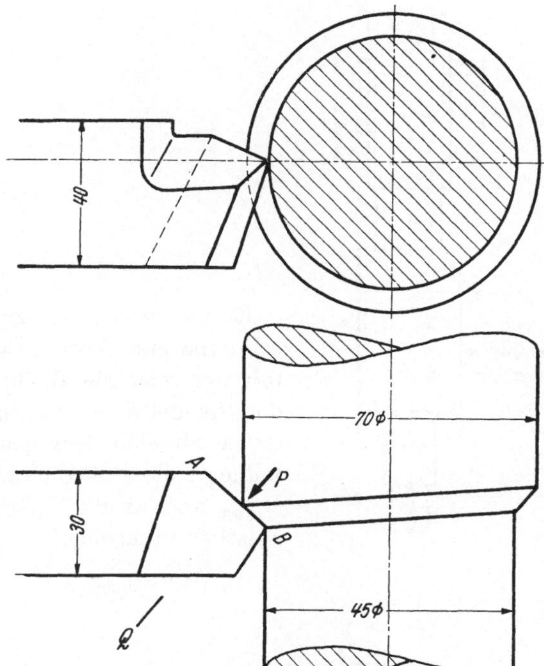

Der Schruppdrehstahl ist in den beiden gegebenen Ansichten zu zeichnen. Dazu sind darzustellen: die Ansicht in Richtung P und der Schnitt P—Q.

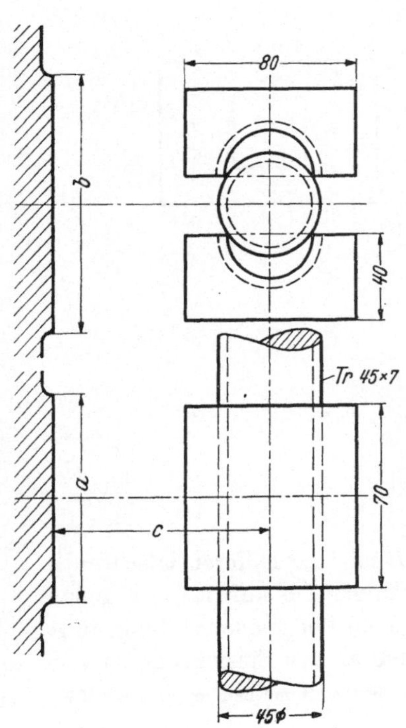

135. Support-Mutterschloß.

Es sind konstruktive Vorschläge für Einrichtungen zu machen, mit denen man die zweiteilige Spindelmutter schließen und öffnen kann. Die Einrichtung ist an einer rechteckigen Fläche $a \times b$ anzubringen, deren Maße und Abstand c von der Achse möglichst klein sein sollen, im übrigen aber frei gewählt werden können.

136. Differentialschraube.

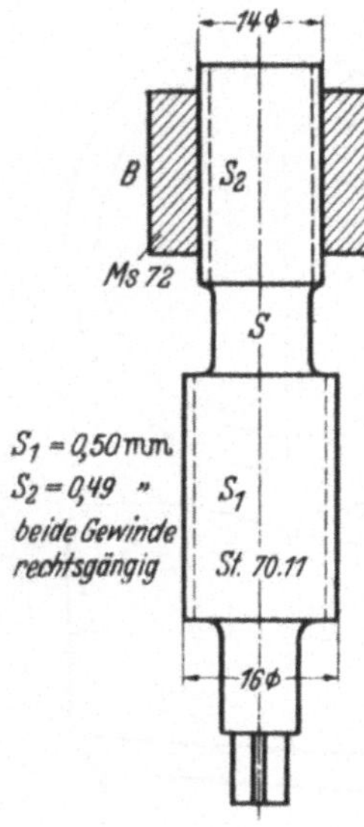

Es ist unter Benutzung der Differentialschraube eine Vorrichtung zu konstruieren, mit der man die Büchse B je Umdrehung der Spindel S um $^1/_{100}$ mm in Richtung der Achse ablesbar bewegen kann. Eine Kreisteilung soll es möglich machen, (theoretisch) $^1/_{10\,000}$ mm axiale Verschiebung der Büchse ablesbar zu machen.

137. Drehwerkzeug-Feineinstellung.

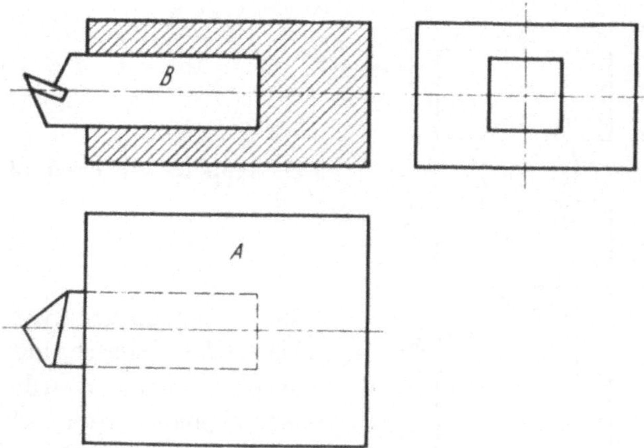

In das Gehäuse A und den Drehstahl B ist eine Differentialschraube so einzubauen, daß sich die Schneide des Drehstahls auf $^1/_{200}$ mm genau einstellen läßt. Der Drehstahl muß sich nach der Feineinstellung in A festspannen lassen. Vorspringende Teile sind an der Einrichtung zu vermeiden.

(Aus „Werkstatt und Betrieb", Oktober 1938.)

138. Nabenabziehvorrichtung.

Nach der schematisch wiederge-
gebenen Idee ist eine Vorrichtung
zum Abziehen von Riemenscheiben,
Zahnrädern usw. zu entwerfen. Zur
Erzielung einer hohen Übersetzung
soll die Druckspindel als Differentialschraube ausgebildet werden. Die
Vorrichtung muß für verschiedene
Nabengrößen benutzbar sein.

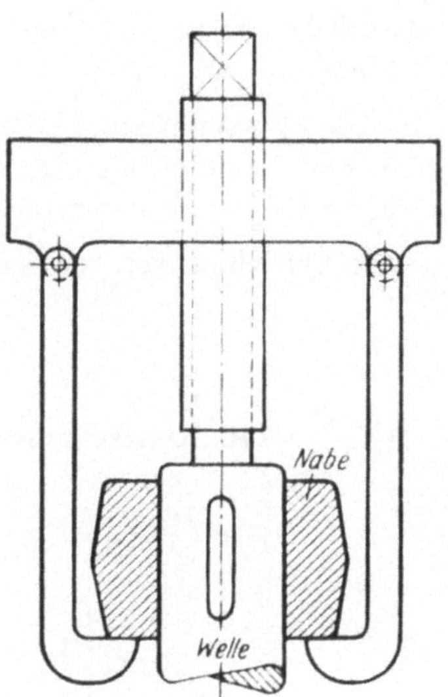

139. Spindelkasten.

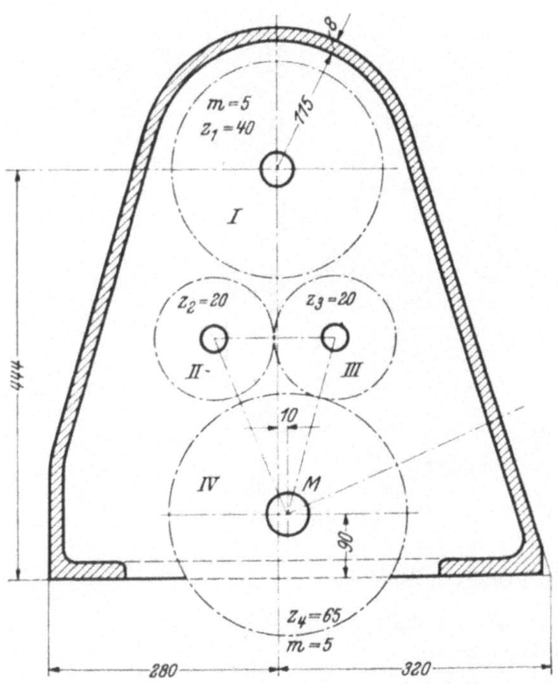

Die Räder *II, III, IV* sollen in einem um *M* drehbaren Gehäuse (Herzhebel) so vereinigt werden, daß 3 Stellungen zum Rade *I* möglich werden:

1. Rad *I* kämmt mit *II* (Energiefluß: *I, II, III, IV*).
2. Rad *I* kämmt mit *III* (Energiefluß: *I, III, IV*)
3. Rad *I* kämmt weder mit *II* noch mit *III*.

Die Einstellung soll von außen her möglich sein.

140. Rohrkrümmer, T-Stück und Ventilgehäuse.

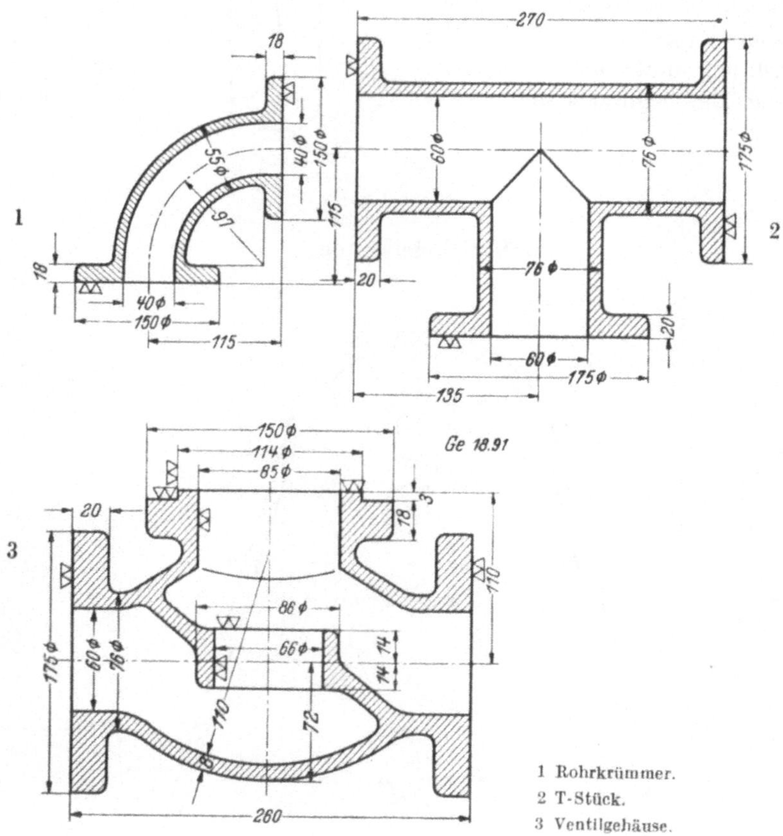

Für die dargestellten Teile sind zu zeichnen:

a) die Gießereimodelle,
b) die Kernkästen,
c) die gießfertigen Formen.

141. Schleifsteinbock und Gefäßecke.

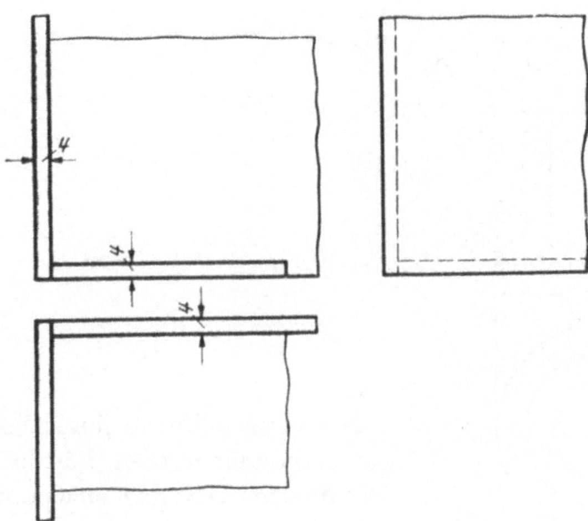

a) Schleifsteinbock. Für einen von Hand zu drehenden Schleifstein (350 mm ⌀, 70 mm breit) sind die Lagerung und der Trog zu entwerfen.

b) Gefäßecke. Die Gefäßeckverbindung ist mit Winkelstahl $40 \times 40 \times 5$ als Nietverbindung auszuführen.

142. Einstellbares Windeisen.

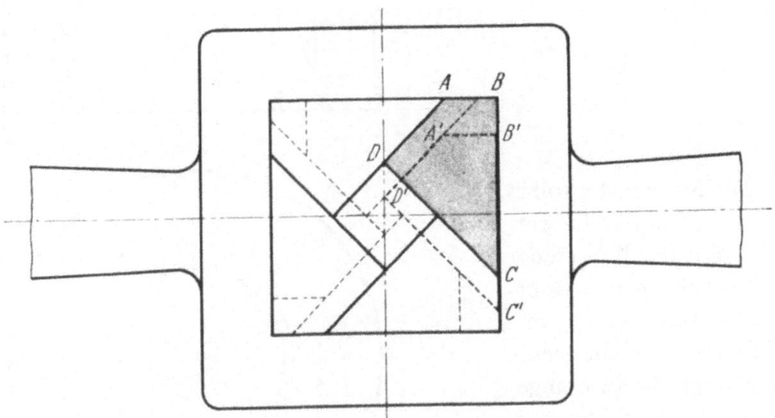

Die Einstellbarkeit des Windeisens soll durch 4 Einlagen $A\,B\,C\,D$, die sich gegeneinander verschieben lassen ($A'\,B'\,C'\,D'$), erreicht werden. Diese Idee ist für den Bereich $3 \div 16$ mm ☐ praktisch durchführbar zu machen.

143. Messingbüchse.

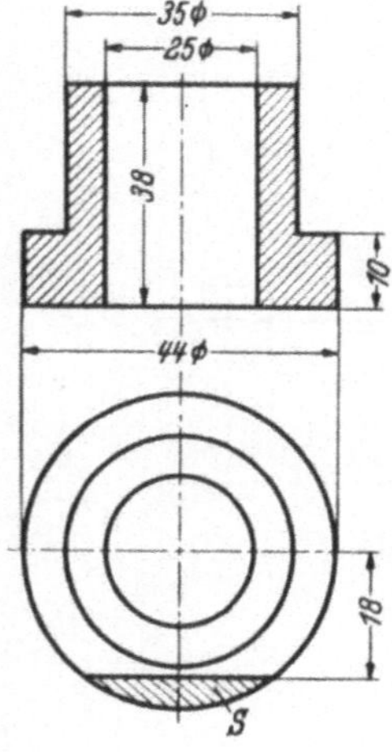

Die dargestellte Messingbüchse soll in Mengen hergestellt werden. Für das Abfräsen des schraffierten Teils S ist eine praktische Spannvorrichtung zu entwerfen.

144. Ringmutter.

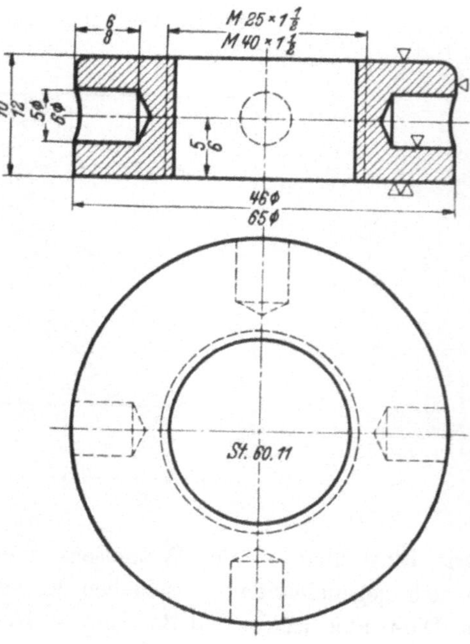

Die Ringmutter soll in Mengen hergestellt werden. Für das Bohren der 4 Löcher ist eine Bohrvorrichtung zu entwerfen. Sie soll für beide Muttergrößen (wie eingetragen) brauchbar sein. Die Mutter kommt gedreht und mit Gewinde zur Bohrmaschine. Auch der zugehörige Schlüssel ist darzustellen.

145. Gleitfeder.

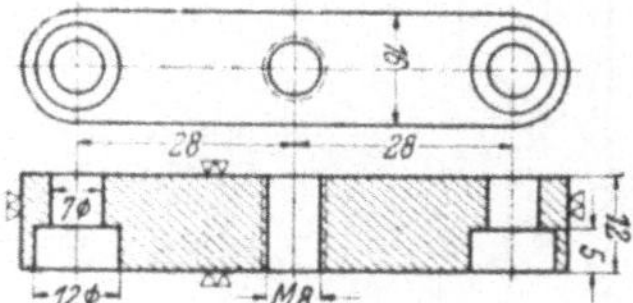

Die dargestellte Gleitfeder soll in Mengen hergestellt werden. Für die Erzeugung der Löcher ist eine Bohrvorrichtung zu entwerfen.

146. Winkelhebel.

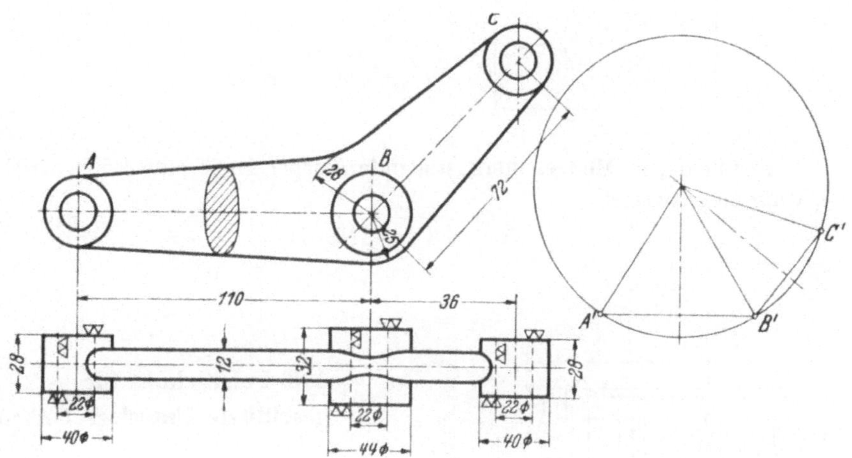

Der dargestellte Stahlgußhebel soll in Mengen als Formmaschinenguß hergestellt werden. Für die Erzeugung der drei gleich großen Bohrungen ist eine Bohrvorrichtung zu entwerfen.

Der Hebel soll so auf einen Drehteller gelegt werden, daß die Mitten der Löcher *A*, *B*, *C* entsprechend der Nebenskizze auf einen Kreis zu liegen kommen, der mit dem Drehteller gleiche Mitte hat. Auf diese Weise kommt man mit *einer* Stellung der Vorrichtung und mit *einer* Bohrbüchse aus. Die Lage der Lochachsen ist durch Rasten festzulegen.

147. Gleitstück und Verbindungsstück.

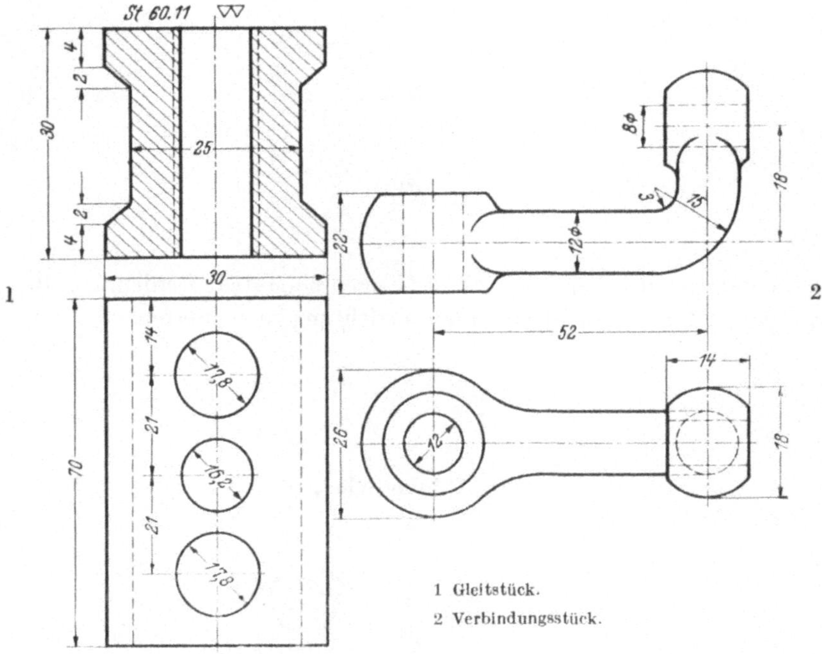

Für beide, in Mengen herzustellende Körper ist je eine Bohrvorrichtung zu entwerfen.

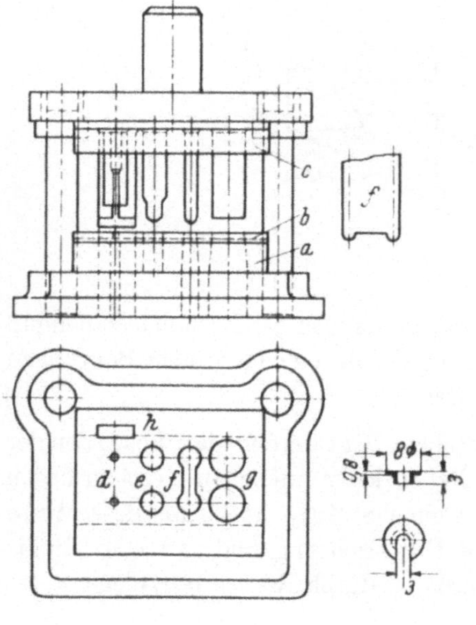

148. Folgeschnitt für geschlitzte Unterlegscheiben.

Der dargestellte Folgeschnitt ist in wahrer Größe werkstattgerecht aufzuzeichnen.

(Aus „Werkstatt und Betrieb"
Oktober 1938.)

149. Feinbewegungen.

Bei Betrachtung eines Zirkels entsteht die Idee, entsprechend der Skizze durch Drehen der Schraube *Sch* die Zirkelspitze *S* auf kreisförmiger Bahn Feinbewegungen machen zu lassen. Die beiden Zirkelschenkel sind dabei als starr miteinander verbunden anzusehen; eine Blattfeder bewirkt ständiges Anliegen des Schraubenzapfens an der Grundplatte.

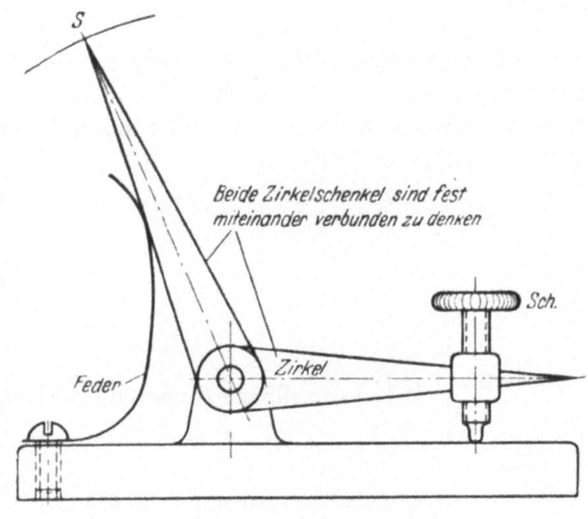

Nach dieser Idee ist die Feineinstellung der Nadelspitze eines Parallelreißers konstruktiv auszuführen.

150. Leiste und Riemenscheibe.

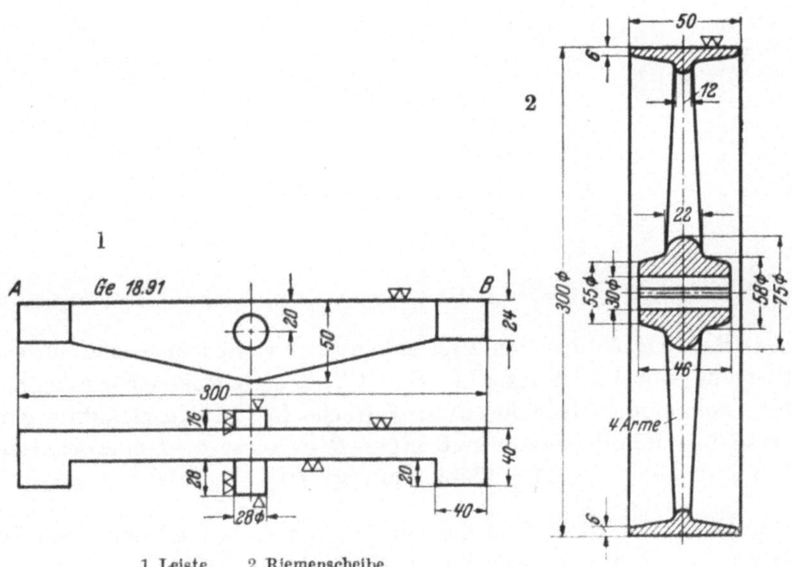

1 Leiste.   2 Riemenscheibe.

a) Leiste. Für die Aufspannung der Leiste auf dem Hobelmaschinentisch zum Hobeln der Fläche $A—B$ sind skizzenhaft Vorschläge zu machen.

b) Riemenscheibe. Für die Aufspannung der Riemenscheibe auf der Planscheibe zum Ausdrehen der Bohrung und Abdrehen der einen Nabenstirnfläche, sowie später zum Stoßen der Keilnute sind skizzenhaft Vorschläge zu machen.

151. Verstellbare Reibahle und Rohrwalze.

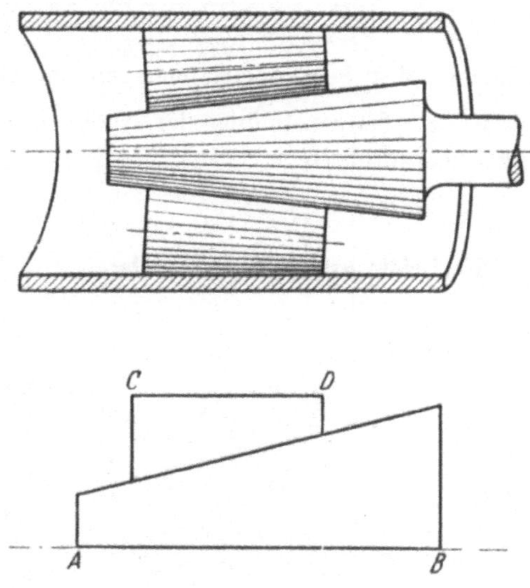

a) Bei Betrachtung von zwei aufeinander gleitenden Keilen gleicher Steigung, wobei die Kanten $A—B$ und $C—D$ stets einander parallel bleiben, kommt der Gedanke, diese Tatsache für die Konstruktion einer verstellbaren Reibahle zu benutzen ($A—B$ die Achse, $C—D$ eine Schneide). Die Reibahle ist für $\varnothing = 40$ mm darzustellen.

b) Die gleiche Idee ist für die Konstruktion eines Werkzeugs zum Einwalzen von Röhren in feste Wände (Rohrwalze) nutzbar zu machen.

152. Klemmstück.

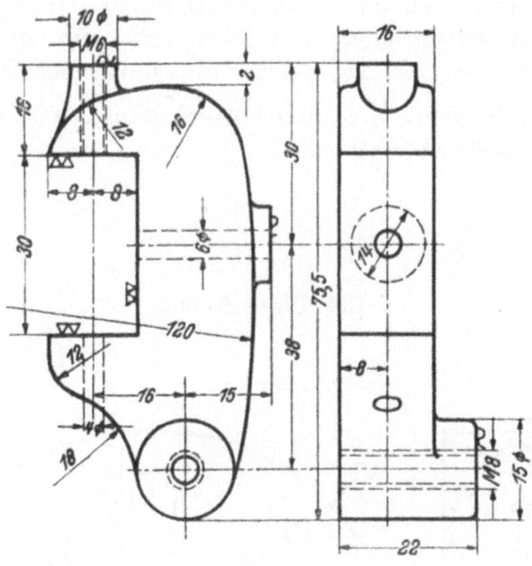

Für den Klemmkörper ist eine Bohrvorrichtung zu entwerfen.

153. Abreißzündung.

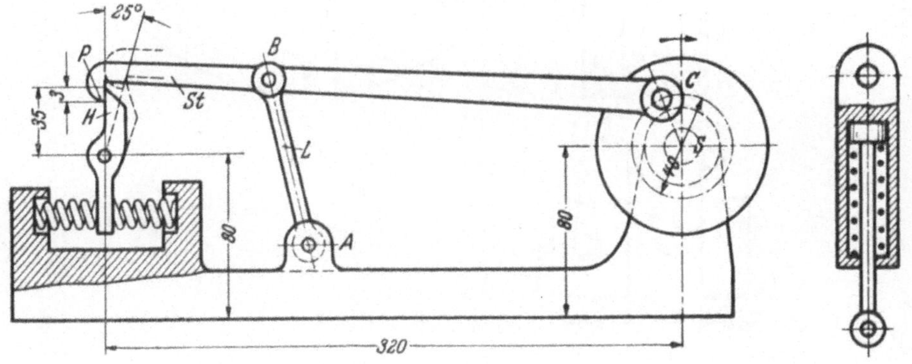

Steuerwelle S treibt beim Umlauf in Pfeilrichtung das Zündgestänge so an, daß der Hebel H bei 25° Ausschlag von der Abreißstange St losgelassen wird und unter Federwirkung in seine Ruhelage und darüber hinaus zurückschnellt.

a) Die Lage der Punkte A, B, C und die Länge des Lenkers L sind zu bestimmen.

b) Der Lenker L muß, damit bei etwaigem Rücklauf der Steuerwelle keine Zerstörungen eintreten, ausdehnungsfähig sein. Er ist in Anlehnung an die schematische Nebenskizze werkstattgerecht aufzuzeichnen.

c) Die Bahn des Punktes P an der Abreißstange St ist für einen Umlauf der Steuerwelle zu konstruieren.

154. Planscheibe.

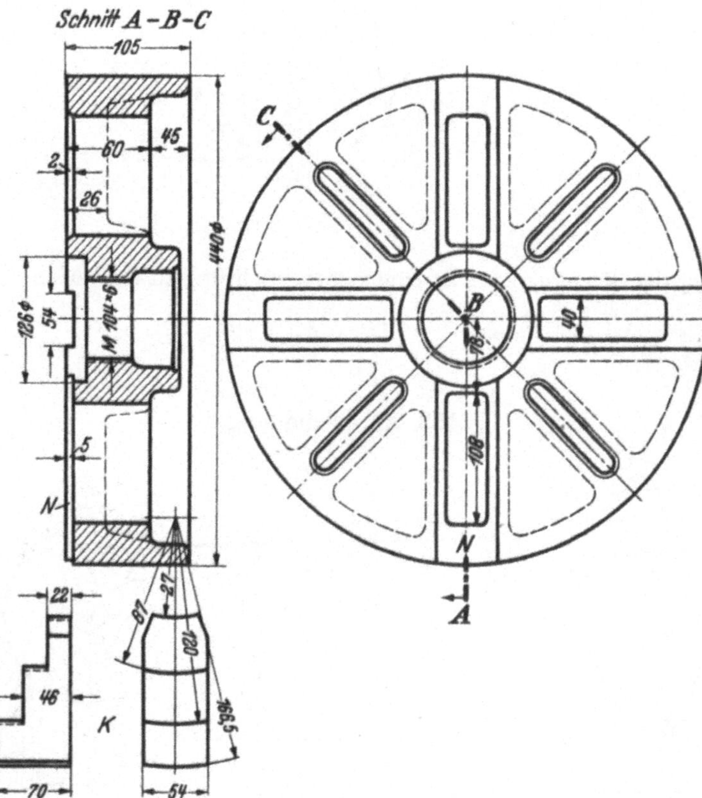

Der Kloben K ist in die Nute N der Planscheibe einzusetzen. Er und die Planscheibe sind so zu gestalten, daß sich der Kloben mit Hilfe einer passend eingebauten Gewindespindel radial bewegen läßt. Eine andere Bewegung soll nicht möglich sein.

155. Lagerbock.

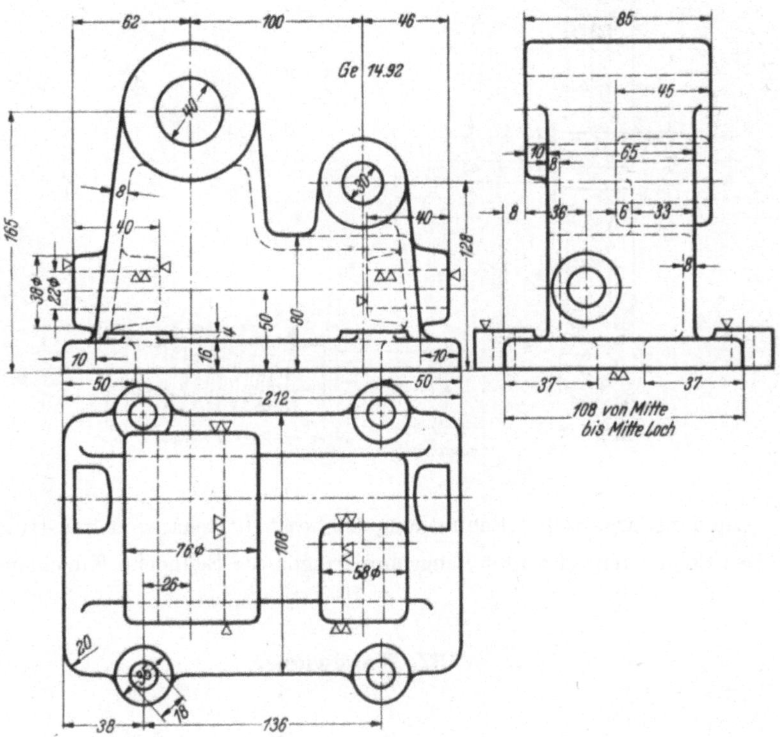

a) Der Lagerbock ist im Maßstab 1 : 1 werkstattgerecht (einschl. der Ansicht von unten) aufzuzeichnen. Es sind dabei Schnittdarstellungen den Ansichten vorzuziehen.

Darzustellen sind ferner:

b) Das Gießereimodell;

c) die Kernkästen;

d) die gießfertige Form;

e) die Einzelstadien der Bearbeitung (Anreißen, Herstellung der Bohrungen, Hobeln usw.).

156. Schneckentrieb.

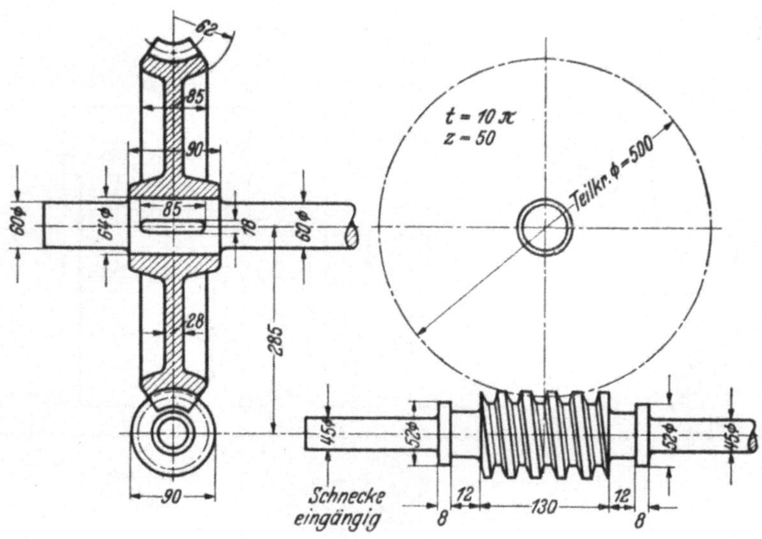

Zu dem dargestellten Schneckengetriebe ist ein Gehäuse zu konstruieren.
Das Schneckenrad erhält Ringschmierlager, die Schnecke Kugellager.

157. Wandwinde.

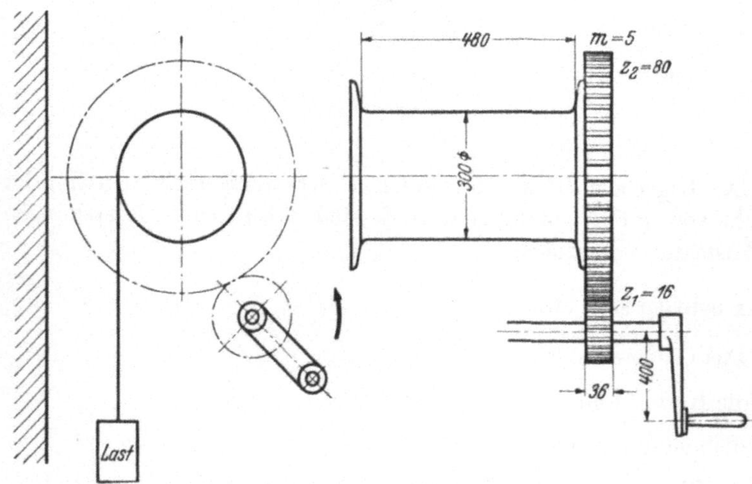

An einer Wand soll entsprechend der Skizze eine einfache Winde mit
Zahnradübersetzung, Sperrwerk und Bremsscheibe angebracht werden.
Die Winde ist mit allen Einzelteilen werkstattgerecht zu konstruieren.

158. Bockwinde.

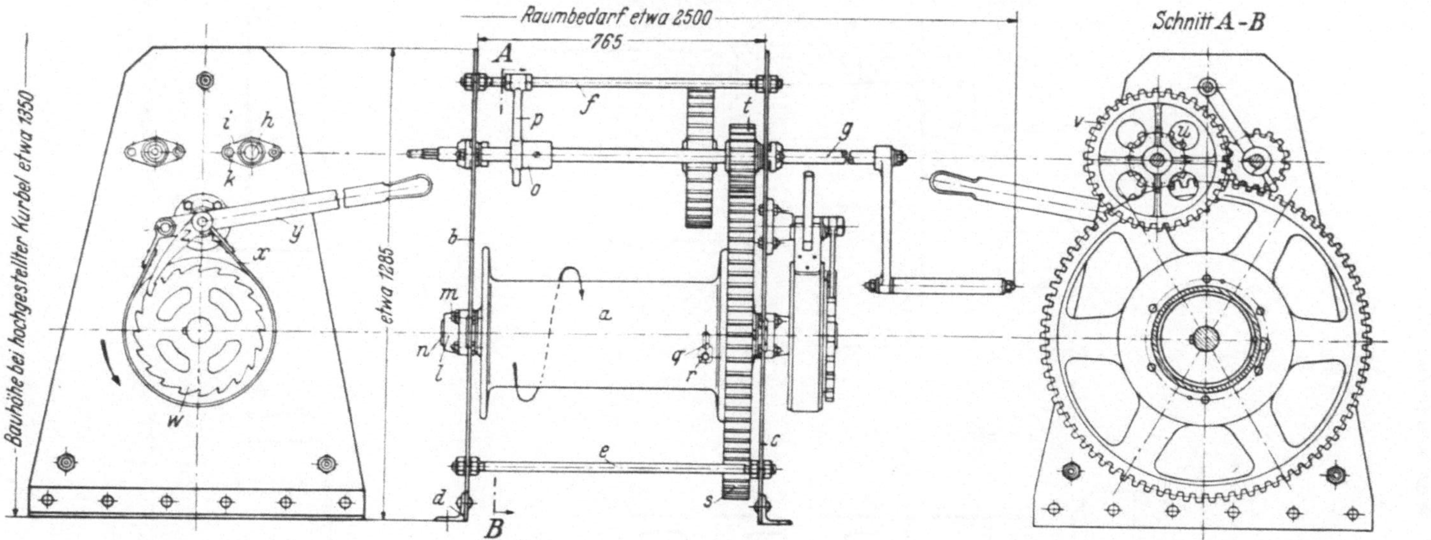

Die Bockwinde ist entsprechend den Skizzen werkstattgerecht mit allen Einzelheiten darzustellen. Verbesserungen etwa hinsichtlich der Anordnung der Bremsscheibe und des Sperrwerks, sind zulässig und erwünscht.

Gegeben sind: Trommelmaße 290 $\varnothing$, 600 lg; Trommelwelle 70 $\varnothing$; Zahnräder Modul 11, $Z_1 = 14$, $Z_2 = 34$, $Z_3 = 14$, $Z_4 = 78$ Zähne; Bremsscheibendurchmesser $= 400$ mm; Abstand Fußboden bis Mitte Trommel $= 510$ mm.

159. Werkzeuge für einen gestülpten Blechring.

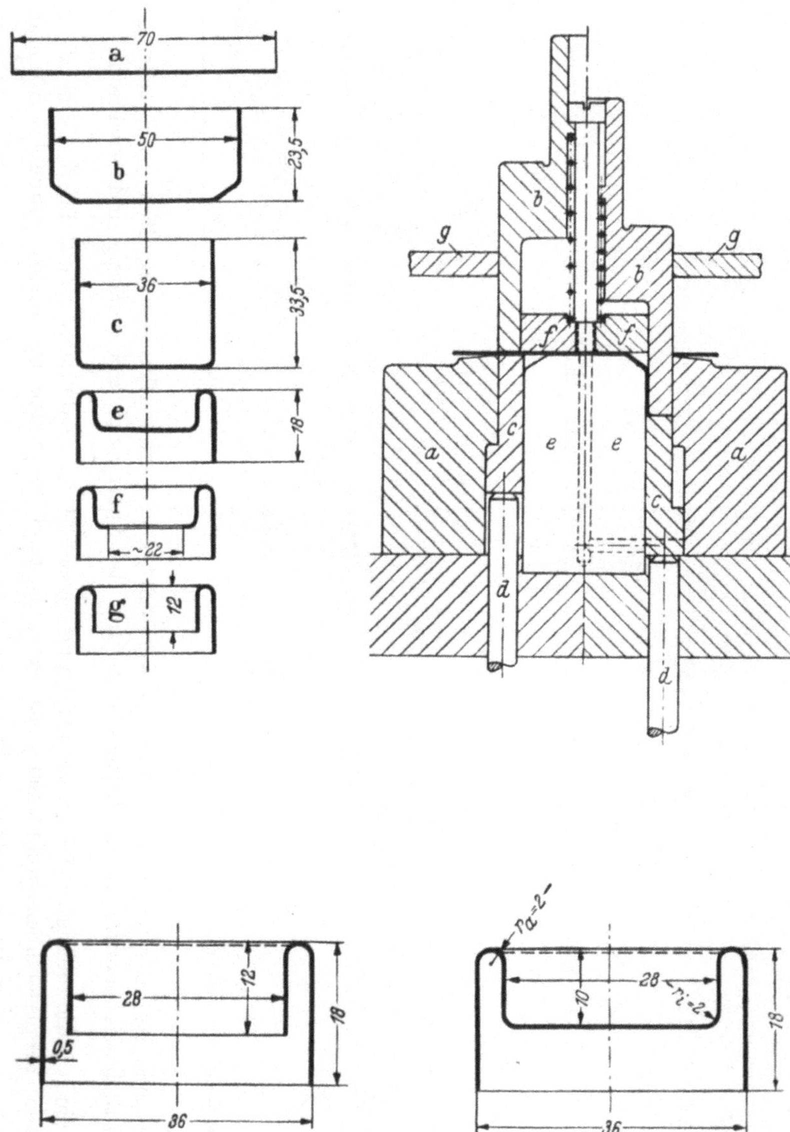

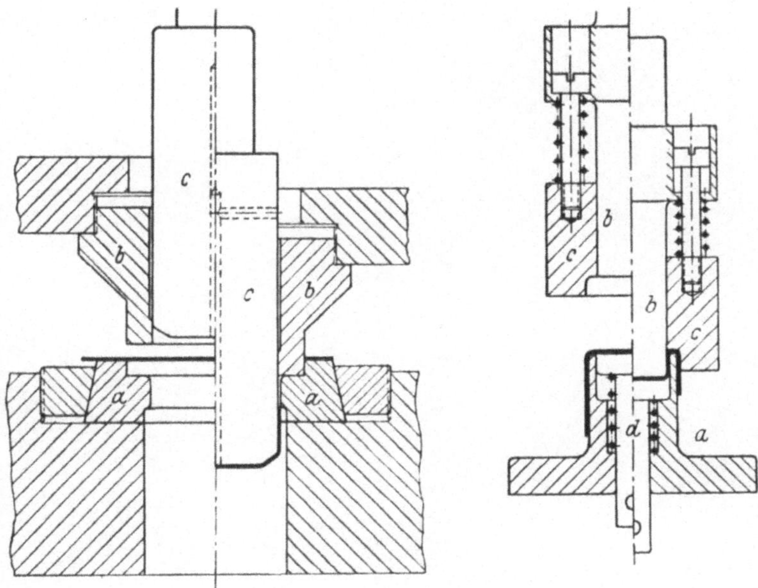

Die Schnitt- und Ziehwerkzeuge sind an Hand der gegebenen Skizzen werkstattgerecht darzustellen. (Aus „Werkstatt und Betrieb", Oktober 1938.)

160. Reitstock.

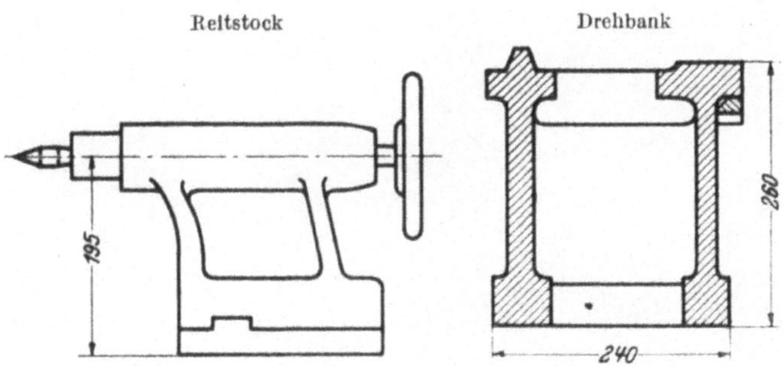

Für eine einfache Zugspindeldrehbank ist in Anlehnung an die gegebenen Skizzen der Reitstock zu entwerfen und werkstattgerecht aufzuzeichnen.

Zweiter Teil

Lösungen.

1. Büchse, Führungsplatte und Wellenstück mit Gleitfeder.

Maße der Büchse.

$$x = \frac{54}{2} - \frac{40}{2} = 7 \text{ mm}$$

$$y = 29,5 - \frac{54}{2} = 2,5 \text{ mm}$$

$$z = \frac{64}{2} + 29,5 = 61,5 \text{ mm}$$

Kontrolle:

$$\frac{64}{2} + \frac{40}{2} + x + y = z$$

$$32 + 20 + 7 + 2,5 = 61,5 \text{ mm}$$

Maße der Welle mit Feder.

$$w = 28 + 14 = 42 \text{ mm}$$

$$x = 74 - \frac{50}{2} - 28 = 21 \text{ mm}$$

$$y = 50 + (9 - 5) = 54 \text{ mm}$$

$$z_1 = 74 - 54 - 0,2 = 19,8 \text{ mm}$$

$$z_2 = 54 + 0,2 - 25 - 21 = 8,2 \text{ mm}$$

Kontrolle:

$$z_1 + z_2 = 19,8 + 8,2 = 28 \text{ mm}$$

$$z_2 - 0,2 + x + \frac{50}{2} = y$$

$$8,2 - 0,2 + 21 + 25 = 54$$

Maße der Führungsplatte. $\quad a = \dfrac{41,08 + 20,05 + 41,08 - 39,05}{4} = 15,79 \text{ mm}$

$$x = 39,05 + 2 \cdot 15,79 = 70,63 \text{ mm}$$

Kontrolle: $2 \cdot 41,08 + 20,05 = 39,05 + 4 \cdot 15,79$

$$102,21 = 102,21$$

2. Gelenkstück.

$$s = 56 - 2 \cdot 12 - 2 \cdot 4,5 = 23 \text{ mm}$$

$$t = \frac{56}{2} - 8 = 20 \text{ mm}$$

$$u = \frac{66 - 2 \cdot 8 - 43}{2} = 3,5 \text{ mm}$$

$$v = 35 \text{ mm}$$

$$w = 66 + 4 \cdot 8 = 98 \text{ mm}$$

$$x = 2 \cdot 8 = 16 \text{ mm}$$

$$y = 56 - 2 \cdot 12 = 32 \text{ mm}$$

$$z = \frac{75}{2} - 2,5 = 35 \text{ mm}$$

3. Schraubenverbindungen und Kurbelzapfen.

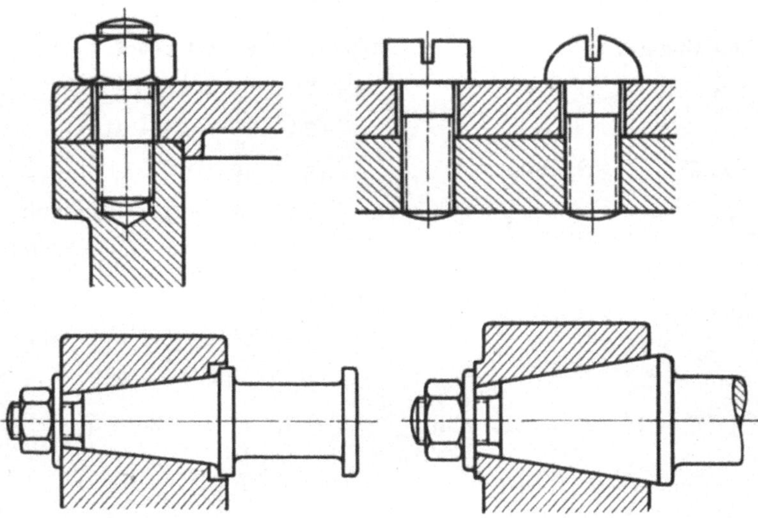

Stiftschraube. Das glatte Loch für die Stiftschraube im Deckel muß als solches gezeichnet werden. Das untere Gewinde der Schraube darf nicht in den Deckel hineinragen. Es geht nicht an, daß die Schraube den Grund des Muttergewindes berührt.

Kopfschrauben. Die Gewinde beider Kopfschrauben müssen in den Teil I hineinragen. Die Durchgangslöcher in Teil I sind als solche zu zeichnen. Es hat keinen Zweck, das Gewinde der Halbrundkopfschraube bis an den Kopf herangehen zu lassen. Wenn Teil I für die Halbrundkopfschraube Muttergewinde statt des glatten Loches trägt, so ist ein Zusammenziehen der Teile I und II mit dieser Schraube unmöglich.

Kegelpassungen. Beide Kegelzapfen sollen sich lediglich im Kegel festziehen. Stirnflächen dürfen weder rechts noch links zur Anlage kommen. Die Lösung zeigt die Freilegung des Bundes am Zapfen I und die Zurückverlegung der kleinen Kegelstirnfläche beim Zapfen II.

4. Führungsplatte, Flansch und Hutmutter.

Führungsplatte. Mit den Maßen 45°; 112; 22; 2 liegt das Maß a rechnerisch fest.

$$a = 112 - 2\,(22 - 2) = 72 \text{ mm (nicht 70 mm)}$$

Zur Beseitigung der Überbestimmung muß eins der Maße 72; 112; 22 fortfallen.

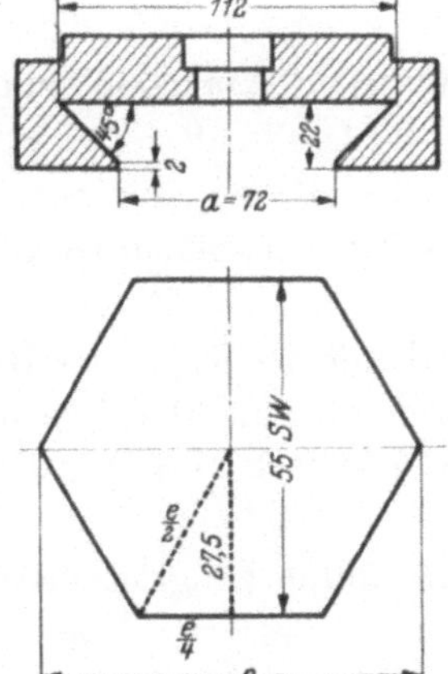

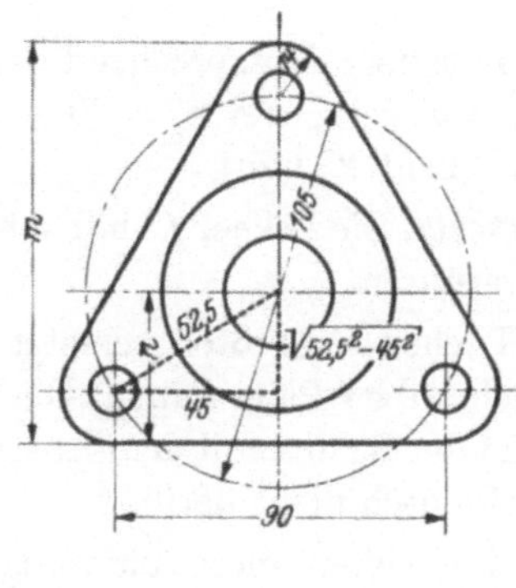

Flansch. Mit den Maßen 105; 14; 90 liegen die Maße m und n rechnerisch fest, aber ohne die Gewähr dafür, daß die Mitten der Befestigungslöcher auf den Ecken eines gleichseitigen Dreiecks liegen. Soll das, wie selbstverständlich, der Fall sein, so muß das Maß 90 fortbleiben. Die Maße m und n schreibt man nicht ein. Sie können auch, wenn das Maß 90 bestehenbleibt, nicht ganzzahlig sein.

Hutmutter. Das Übereckmaß e liegt mit der Schlüsselweite SW rechnerisch fest. Es ist $e = \sqrt{\dfrac{27,5^2 \cdot 16}{3}} = 63,4$ mm (nicht 65). Man pflegt trotz der Überbestimmung beide Maße (55 und 63,4) einzuschreiben.

Das Maß 46 $\oslash$ hinter dem Gewinde ist zu klein, es muß 49 mm groß sein.

5. Prismenstück und Untersatz.

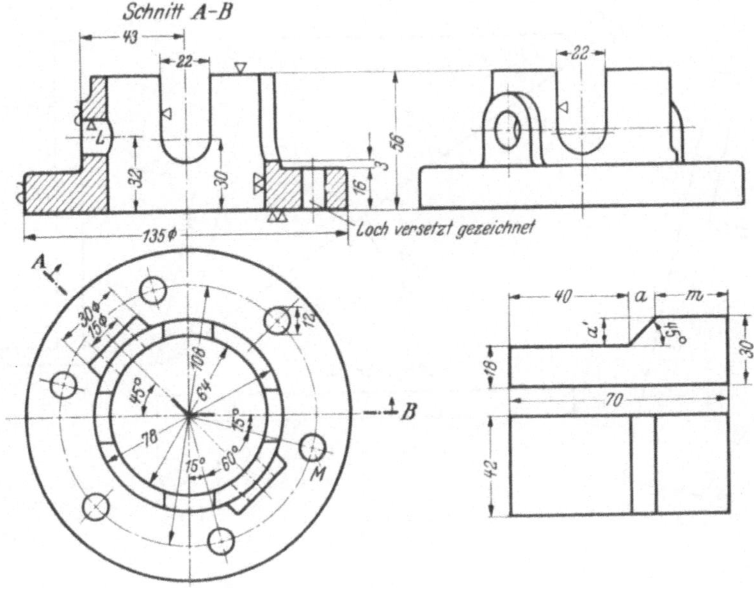

Prismenstück. Entsprechend dem eingetragenen Winkel 45° muß das Maß $a = a'$ sein. Bei $a' = 30 - 18 = 12$ wird $m = 70 - (40 + 12) = 18$ mm (nicht 22 mm).

Untersatz. Die Löcher L sind höhergelegt worden, damit sie den Flansch nicht berühren.

Die Löcher M mußten versetzt werden, damit die Köpfe der Befestigungsschrauben Platz haben. Die Gesamthöhe ist von 40 auf 56 vergrößert und der Schlitz mit dem Abstandsmaß 30 so hoch gelegt worden, daß er den Flansch nicht berührt.

Die Möglichkeit, diese Änderungen durchzuführen, hängt natürlich von den konstruktiven Gegebenheiten ab.

6. Verkleidungswinkel und Welle mit exzentrischem Zapfen.

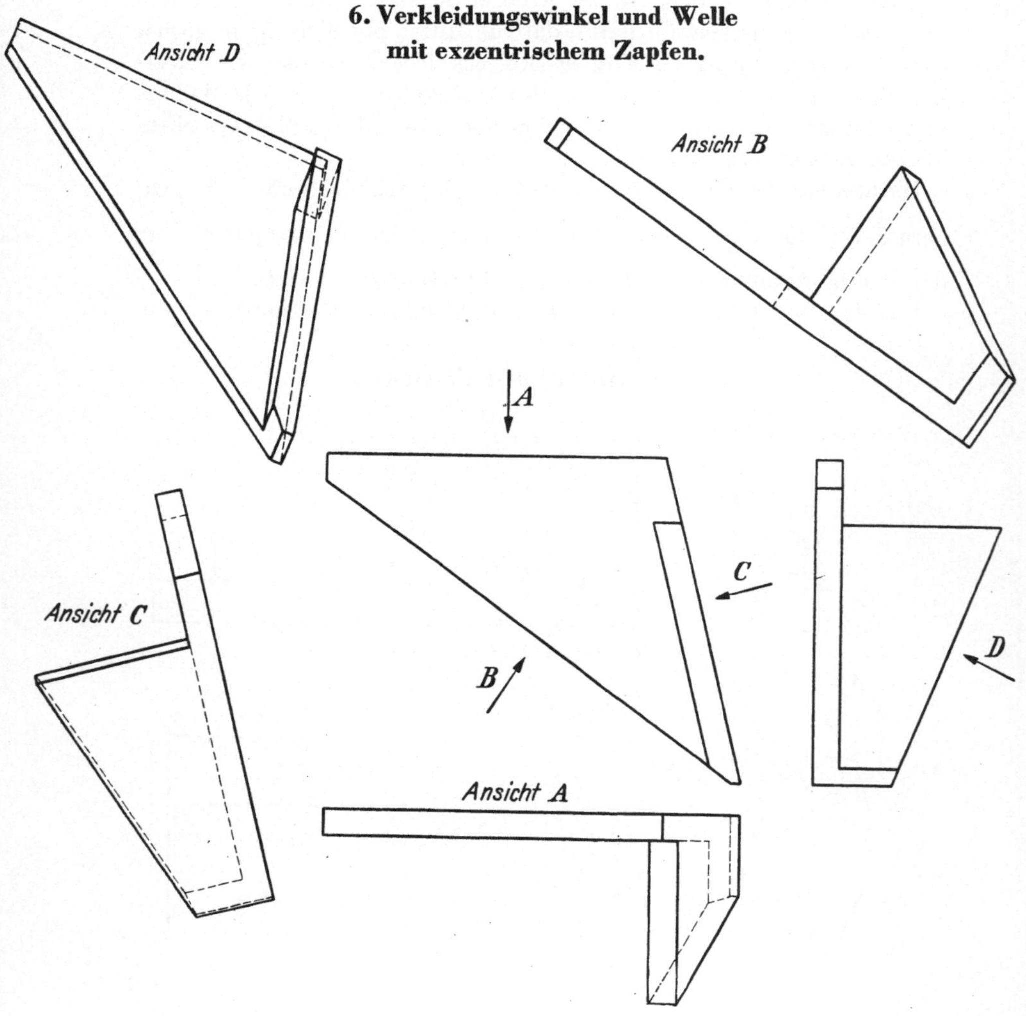

Verkleidungswinkel. Für die Herstellung des Verkleidungswinkels vermitteln die in der Aufgabe gegebenen beiden Ansichten dem Modelltischler (bzw. dem Schweißer) genügend Verständnis.

Die geforderten Ansichten bedeuten eine Übung in der Raumvorstellung.

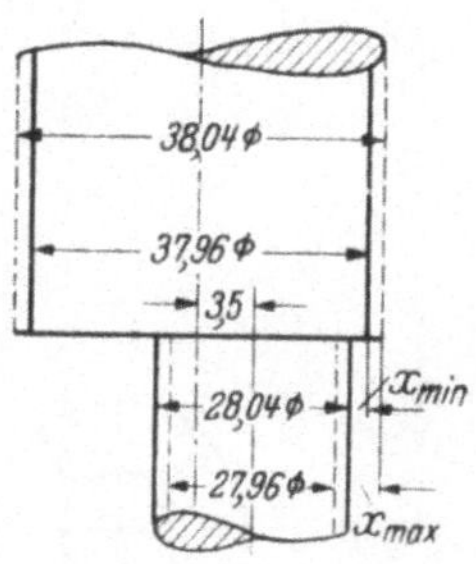

Welle. Entsprechend den angegebenen Durchmessertoleranzen schwankt das Maß x bei Einhaltung der Exzentrizität 3,5 mm zwischen einem Größt- und Kleinstmaß.

$$x_{\min} = \frac{37,96}{2} - 3,5 - \frac{28,04}{2} = 1,46 \text{ mm}$$

$$x_{\max} = \frac{38,04}{2} - 3,5 - \frac{27,96}{2} = 1,54 \text{ mm}$$

$$x = 1,5 \pm 0,04 \text{ mm}.$$

7. Schieber.

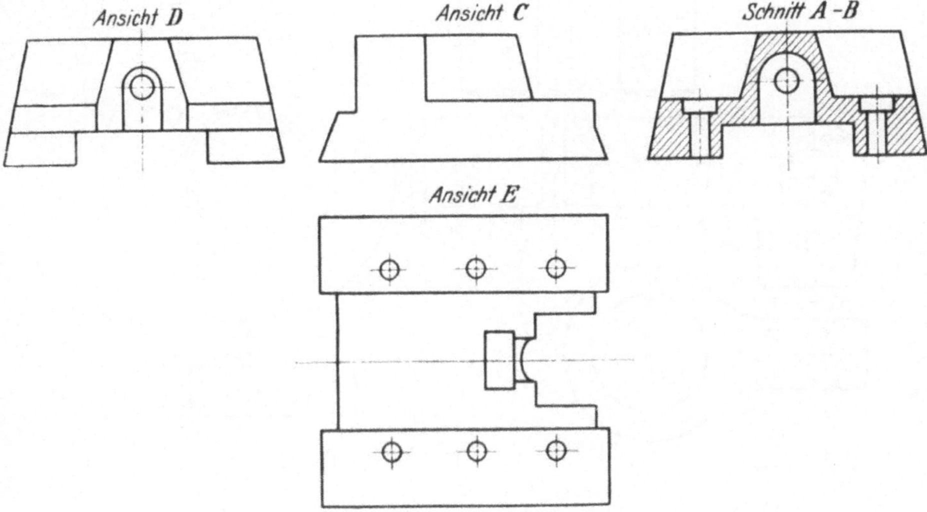

Der Wert der geforderten Ansichten besteht in der Übung, sich den Körper vorzustellen (Raumanschauung). Für die Herstellung genügen die in der Aufgabe gegebenen Bilder.

8. Lümmel*) mit Hals- und Spurlager.

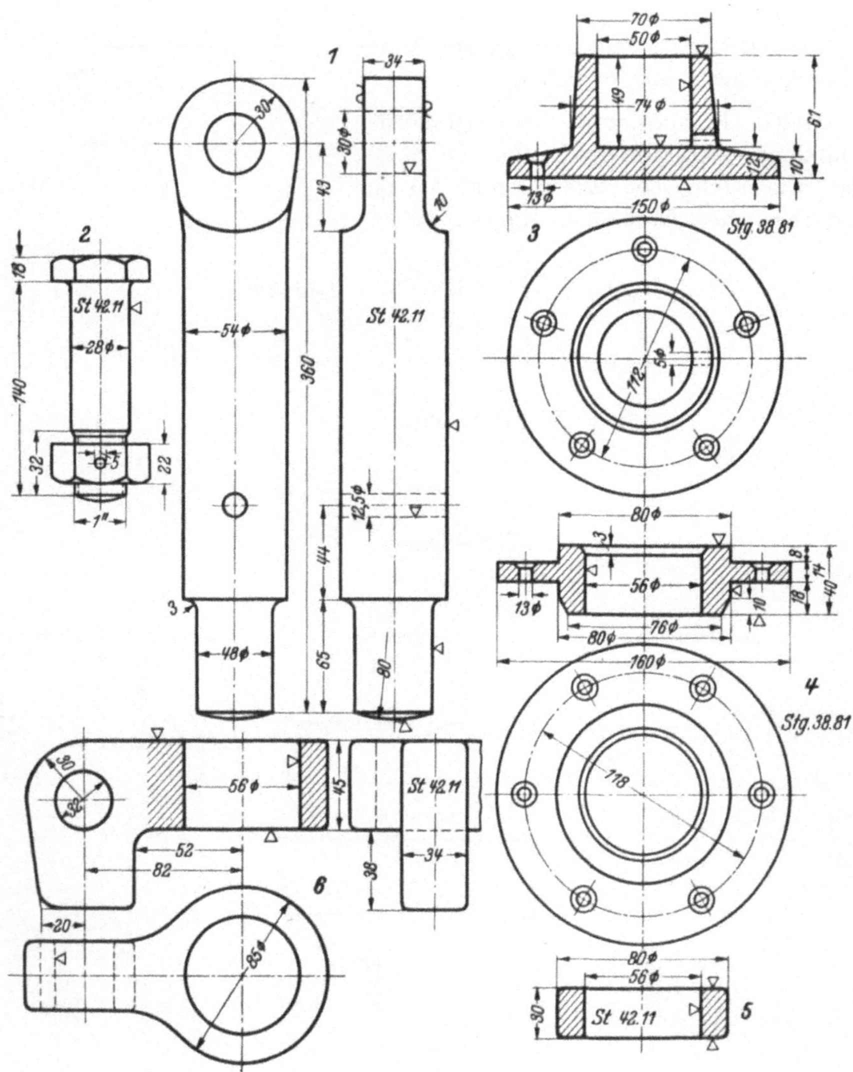

*) schiffbaulicher Ausdruck.

112

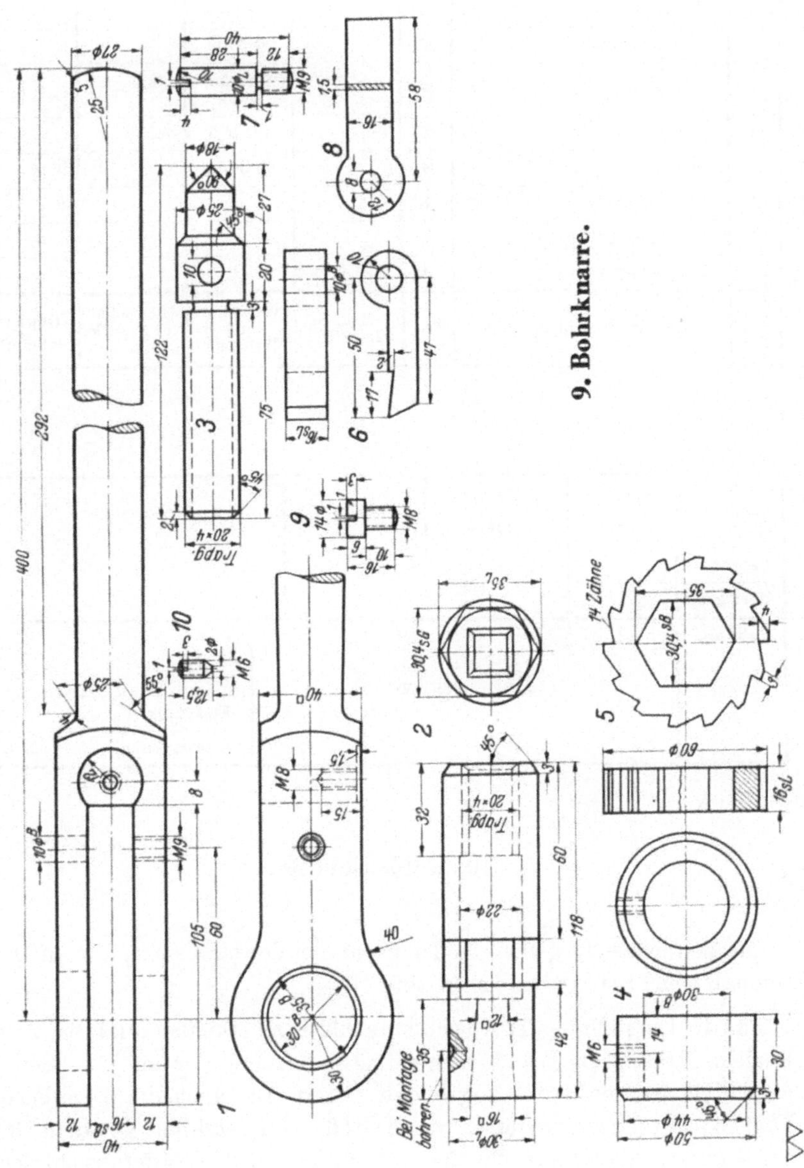
9. Bohrknarre.

Stückliste.

Stück-zahl	Benennung und Bemerkung	Teil	Zchng. Nr. Lag. Nr.	Werkstoff und Rohmaße	(Bezeichn. für Modelle u. dgl.)	(Gewichts-angaben)
1	Gewindestift mit Spitze	10		St 50.11		
1	Zylinderschraube	9		,,		
1	Blattfeder	8		Federstahl		
1	Schaftschraube	7		St 50.11		
1	Sperrklinke	6		Werkzeug-stahl		
1	Sperrad	5		StC 16.61		
1	Stellring	4		St 50.11		
1	Druckschraube	3		,,		
1	Knarrenspindel	2		,,		
1	Knarrenkörper	1		St 42.11		

	Datum	Name		
Gezeichn.	13. 8. 35	*Sieber*		
Geprüft				
Normgepr.				
Maßstab:				

Bohrknarre

Ersatz für

Ersetzt durch

10. Kohlenschütte.

Die Seitenansicht gleicht in der Form der Vorderansicht, nur im Breitenmaß weicht sie etwas davon ab.

Für die Darstellung der Abwicklung gilt es zu erkennen, daß bei 2 und 8 (siehe Draufsicht) Wände stehen; sie sind in der Vorder- bzw. Seitenansicht in wahrer Größe abgebildet. Damit sind auch die 3 Seiten des Dreiecks 1 gegeben und dessen wahre Größe ist darstellbar. Von dem Dreieck 4 enthält die Draufsicht die Grundlinie und die Vorderansicht seine Höhe, deren Lage in der Draufsicht ermittelt werden kann. Die wahre Größe der Fläche 6 ist in gleicher Weise wie die von 4 zu bestimmen. Damit liegen dann auch die Flächen 3, 5, und 7 fest.

Der eingezeichnete Pfeil gibt die Knickrichtung an.

Wie bei jeder Abwicklung müssen auch hier zusammenfallende Kanten zweier Flächen gleiche Länge haben. Das kann zur Kontrolle der Richtigkeit der Abwicklung benutzt werden. (Beispiel: Schnittkante der Flächen 7 und 8.)

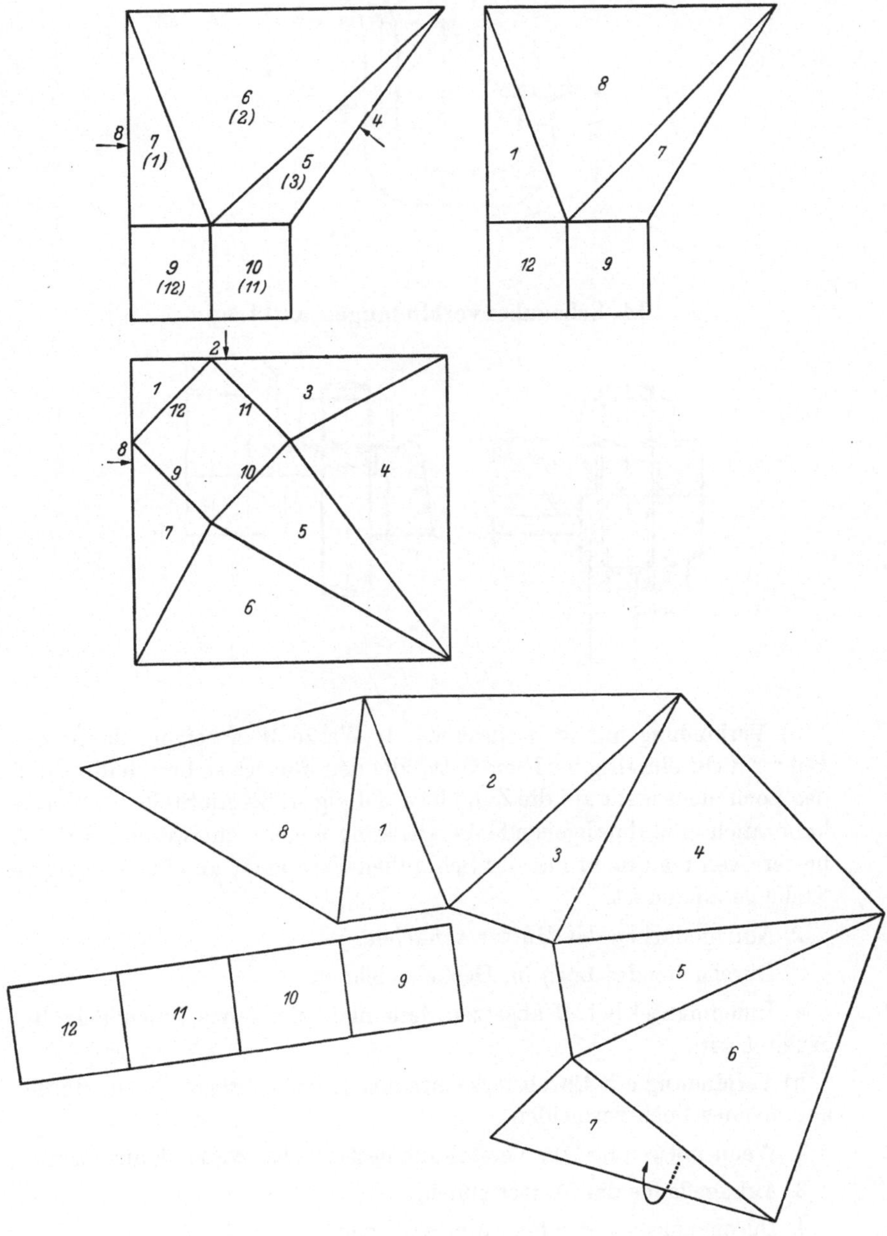

12. Rohrleitung.

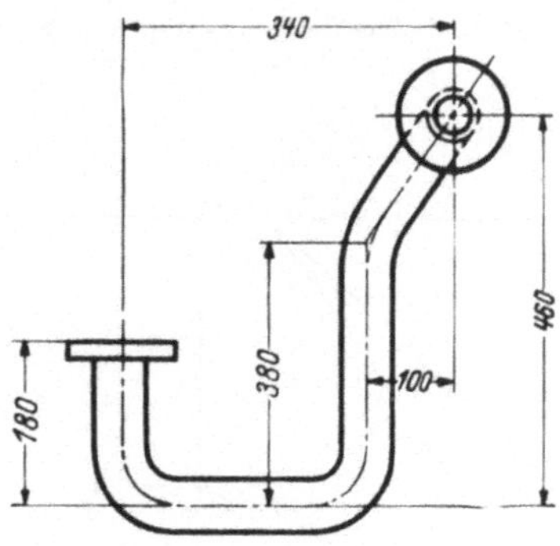

14. Schraubenverbindungen und Lager.

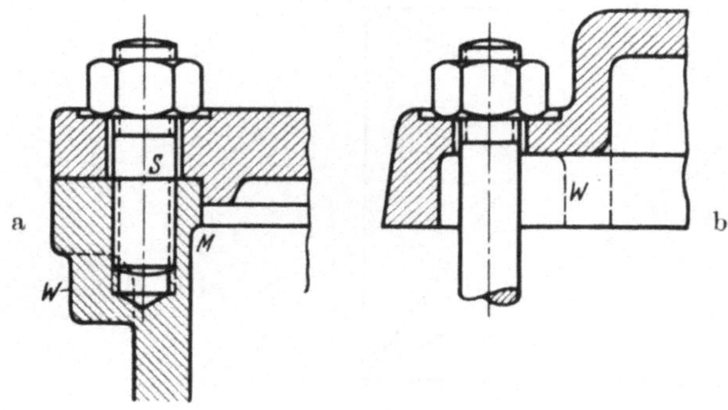

a) Verbindung mit Stiftschrauben. 1. Warze W ansetzen, damit der Bohrer nicht einseitig ins Freie tritt, oder den Flansch so breit halten, daß das Loch nicht mehr auf die Zylinderwandung stößt. An Stelle der Warze kann auch eine durchgehende Verstärkung angebracht werden. Das ist besser, weil man dann mit der Schraubenachse nicht an eine festgelegte Stelle gebunden ist.

2. Auflageflächen der Mutter anflächen.

3. Durchgehendes Loch im Deckel zeichnen.

4. Innenmantel bei M absetzen, falls nicht die ganze Innenfläche bearbeitet wird.

b) Verbindung mit Durchsteckschraube. 1. Auf schräger Fläche durchkommendes Loch vermeiden.

2. Wenn notwendig, zur Versteifung gestrichelte Wand W ansetzen.

3. Auflagefläche der Mutter ebnen.

4. Durchgangsloch der Schraube zeichnen.

116

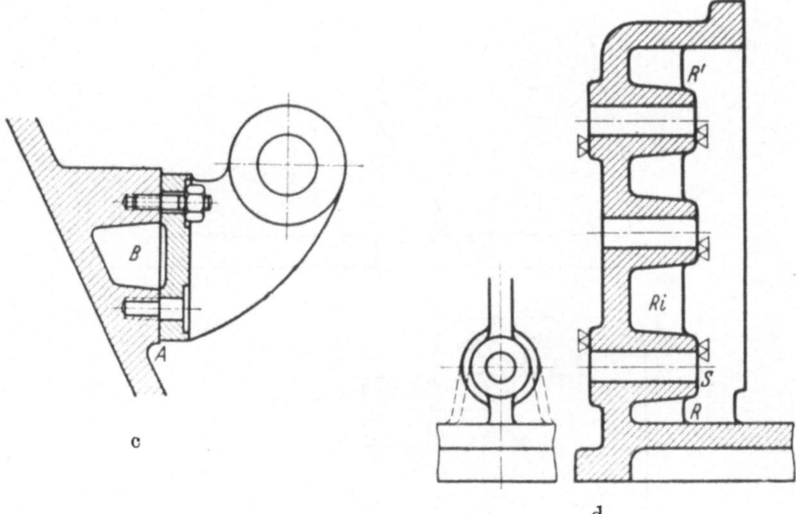

c) Lager. 1. Aufhängeleiste fortlassen. Sie entlastet zwar die Schrauben, erschwert aber die Bearbeitung und hindert die Einstellbarkeit des Lagers.

2. An Stelle der Aufhängeleiste zwei Paßstifte anordnen.

3. Kante bei A freilegen.

4. Gußaussparung bei B.

d) Gußstück. 1. Bearbeitete Flächen auf jeder Seite, wenn irgend möglich, in *eine* Ebene legen. (Leichtere Bearbeitung.)

2. Randabstände R und R' so groß machen, daß der Sand in der Form beim Gießen nicht ausbricht.

3. Wenn Versteifung der Augen notwendig, Rippen Ri ansetzen.

4. Falls Zwischenraum R sehr klein und Stirnfläche S unbearbeitet, kann das Auge, wie in der Seitenansicht gestrichelt angegeben, an die Grundplatte angeschlossen werden; Gußanhäufung ist aber zu vermeiden.

15. Flanschenrohr, Lagerbock und Hebeöse.

Flanschenrohr. Der kegelförmige Teil zwischen Flansch und Rohr ist aus gießereitechnischen Gründen erwünscht.

Lagerbock. 1. Rippe R aus Festigkeitsgründen verbreitern.

2. Hohlraum an Stellen H aus gießereitechnischen Gründen ohne Einschnürung ausführen.

3. Schraubenlöcher anflächen.

4. Flächen $F\,F'$, wenn die Umstände es zulassen, in *eine* Ebene legen. (Einfache Bearbeitung.)

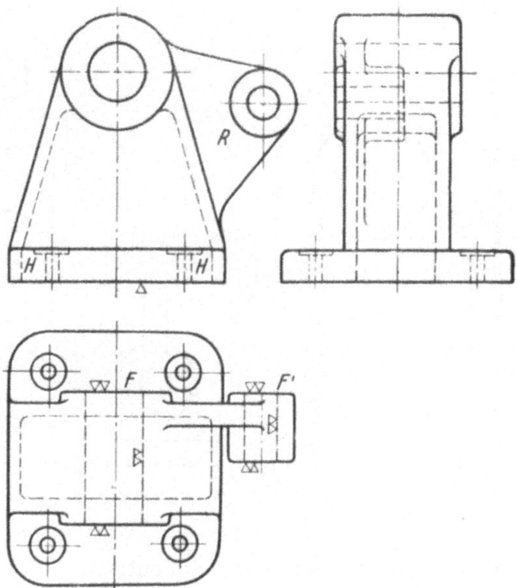

Hebeöse. Ein Einschrauben beider Gewindezapfen ist unmöglich. Die Transportöse muß eingegossen werden. Man wird dann die im Gußstück liegenden Zapfen anstatt mit Gewinde mit Steinschraubenflügeln ausbilden.

Man kann aber auch die Öse in der Mitte durchschneiden, jeden Teil für sich einschrauben und dann beide Teile durch Schmelzschweißung miteinander verbinden.

16. Säulenklemme.

Der Abstand der Schraubenachse von der Lochachse ist zu groß. Je kleiner dieses Maß, um so fester die Verbindung zwischen Säule und angeklemmtem Körper.

17. Stößel in Führung.

Nach der Skizze der Aufgabe ist es nicht möglich, den Bolzen mit 2 festen Bunden einzulegen. Statt der Bunde müssen entweder 2 Stellringe S aufgebracht werden, oder man bringt innen 2 Naben N an, welche die Lage des Treibstangenkopfes bestimmen. Will man an dem Bolzen mit 2 festen Bunden festhalten, so ist das unter Anwendung von 2 besonderen Lagern L möglich. Dann muß der Treibstangenkopf geteilt sein. Die Festlegung des Bolzens mit Gewinde und Mutter auf jeder

Seite entsprechend der Skizze der Aufgabe bringt zwar den Vorteil leichter Einstellung des Zapfens für den Treibstangenkopf, schließt aber die Gefahr der Verspannung des Stößels in sich. Die Ausführung nach M macht das Verspannen unmöglich. Da in der Richtung der Achse des Bolzens keine Kräfte wirken, so genügt es, auf der einen Seite einen Bund, auf der andern eine Vorsteckscheibe mit Splint anzubringen. Die Festlegung des Bolzens mit einer Nase am Bund ist nicht unbedingt notwendig. Verzichtet man darauf, so kann an Stelle des Bundes auch eine Vorsteckscheibe mit Splint benutzt werden. (Billigere Herstellung.) Statt der Vorsteckscheiben können auch Seegerringe verwendet werden.

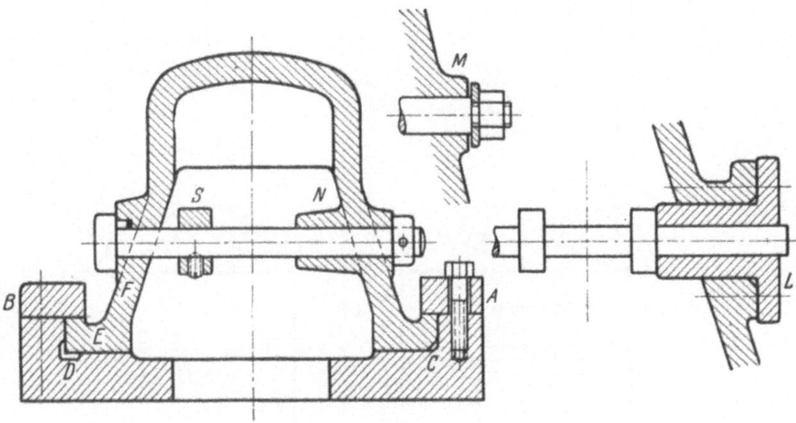

An den Stellen A und B setzt man zweckmäßig besondere Leisten auf, die mit Kopfschrauben befestigt werden. Dadurch werden Bearbeitung und Zusammenbau leichter. Auf *einer* der beiden Seiten kann an Stelle der skizzierten Ausführung eine feste Schwalbenschwanzführung angebracht werden.

Die bearbeiteten Gleitflächen sollen nicht scharfkantig zusammenstoßen. Die Kante erhält eine Abrundung nach C oder eine unbearbeitete Aussparung nach D. Auch bei E und F sind die bearbeiteten Flächen, wie dargestellt, freizulegen.

19. Gelenkverbindung.

Ausführung a). Festlegung des Bolzens durch Kegelstift oder Splint. Splint wird billiger, weil das Aufreiben des Loches fortfällt. Es ist zu überlegen, ob man die Schwächung der Wange durch die Bohrung zulassen darf.

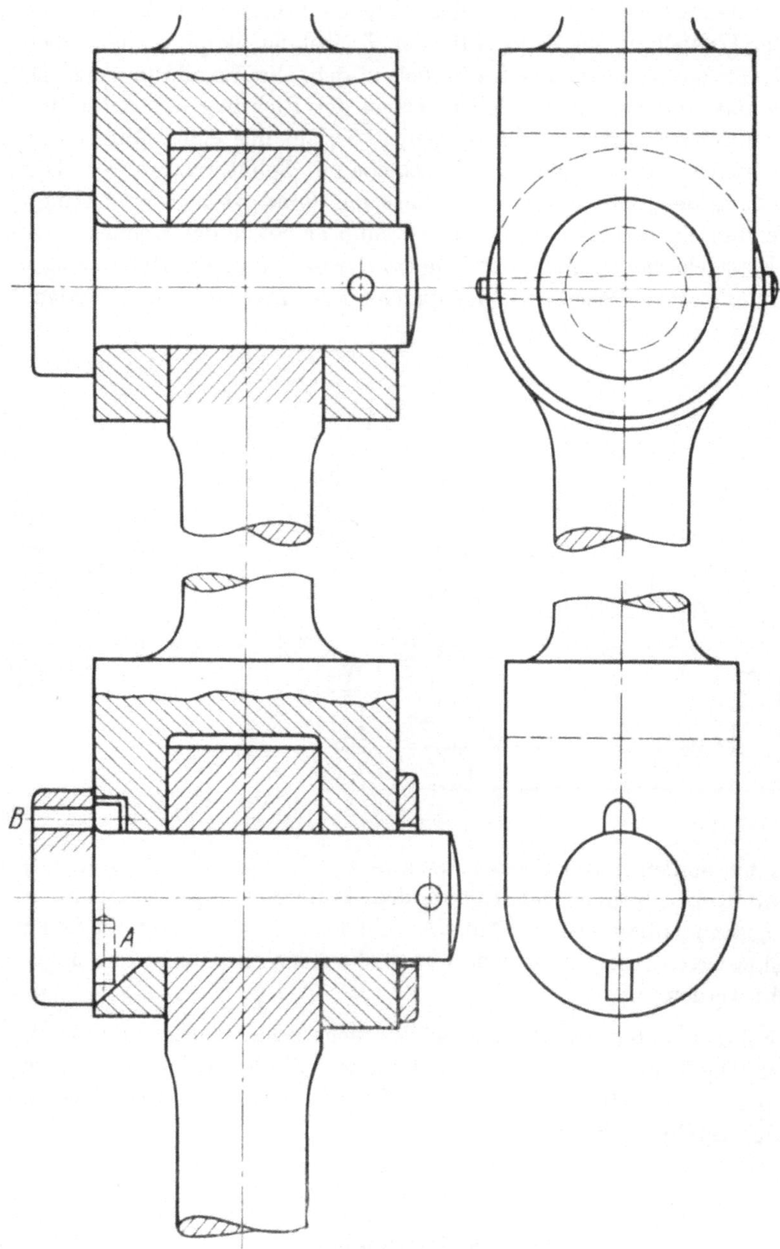

Ausführung b). Festlegung des Bolzens durch eine Nase am Bund und durch Vorsteckscheibe und Splint. Diese Ausführung schwächt die Konstruktion nicht wie die 1. Lösung. Die Ausführung bei A, die man zweckmäßig auch an die Stelle B verlegt, ist leichter auszuführen als die Sicherung bei B, und sie ist *hier* durchaus am Platze. Treten aber, wie z. B. bei den Deckelschrauben eines Pleuelkopfes, axiale Kräfte im Bolzen auf, so ist der Sicherungszapfen nach B einzusetzen, weil dann das Loch für den Stift A den belasteten Querschnitt schwächen würde.

Wenn die Drehbewegung des Bolzens zugelassen werden kann, wird man keine Sicherung gegen sie anbringen.

20. Gußeiserne Säule auf Untersatz, Stangenkopf, Lagerkopf und Fuß eines Gußstückes.

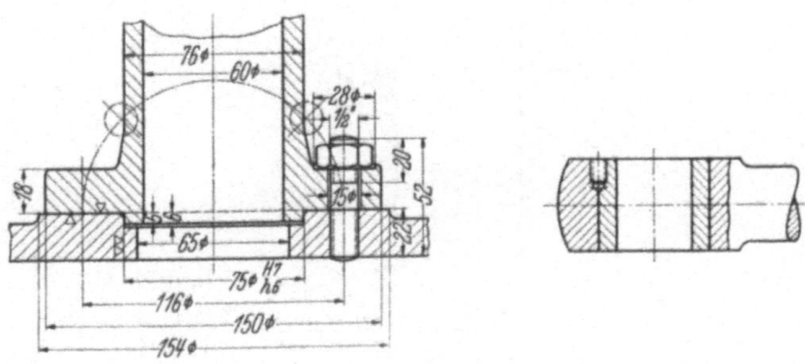

a) Gußeiserne Säule. Der Rundzapfen 75 $\emptyset$, 5 hoch bewirkt die Zentrierung. Die Lösung ist durchgeführt für den Fall besonderer Raumenge, anderenfalls wählt man die Flanschmaße nach Rohrnormen.

b) Stangenkopf. In vielen Fällen genügt Strammeinschlagen der Büchse.

Zumeist setzt man, wie gezeichnet, eine Madenschraube auf den Rand beider Teile.

c) Lagerschale. Ausführung A ist richtig. Man bricht die Kante am Gehäuse und rundet die der Lagerschale ab. Eine Anlage in der Abrundung würde teuer und ist nicht notwendig. Scharfkantige Ausführung, wie bei B, ist grundsätzlich zu vermeiden.

d) Fuß eines Gußstücks. Man konstruiert heute nach N, weil dabei die Anlagefläche der Mutter ohne weiteres zentrisch zum Loch zu liegen kommt, was bei M nicht gewährleistet ist. Außerdem ist Ausführung N billiger als M. Die Anflächung unter der Mutter wird vielfach nicht gezeichnet; man schreibt dann nur die Vorschrift „anflächen" neben das Loch. Es wird ohne Einhaltung eines bestimmten Maßes der Tiefe der Anflächung nur so lange bearbeitet, bis die Fläche rein und eben ist.

21. Stopfbüchse.

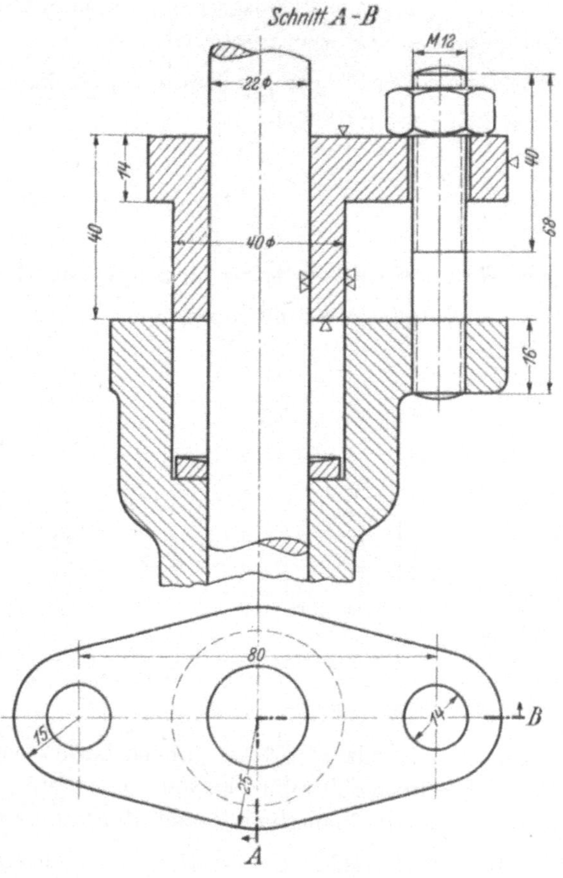

Die Stopfbüchse zeichnet man in der Stellung, wo sie eben in den
Packungsraum eindringen will. Man sieht dann, ob die Länge der Schrauben ausreicht. Der am Boden des Packungsraumes liegende Grundring
aus Messing wird vielfach fortgelassen.

22. Ventilspindel mit Handkurbel bzw. Handrad.

Wenn es auf geringe Herstellungskosten ankommt, kann der Spindelbund (20 ⌀, 5 hoch) fortgelassen werden. Je nach der Beanspruchung
wählt man für die Kurbel als Werkstoff Gußeisen, Temperguß oder Bau-
stahl (Gesenkschmiede). Bei Herstellung in Gußeisen kann der Kurbel-
griff angegossen werden, muß dann aber unbearbeitet bleiben.

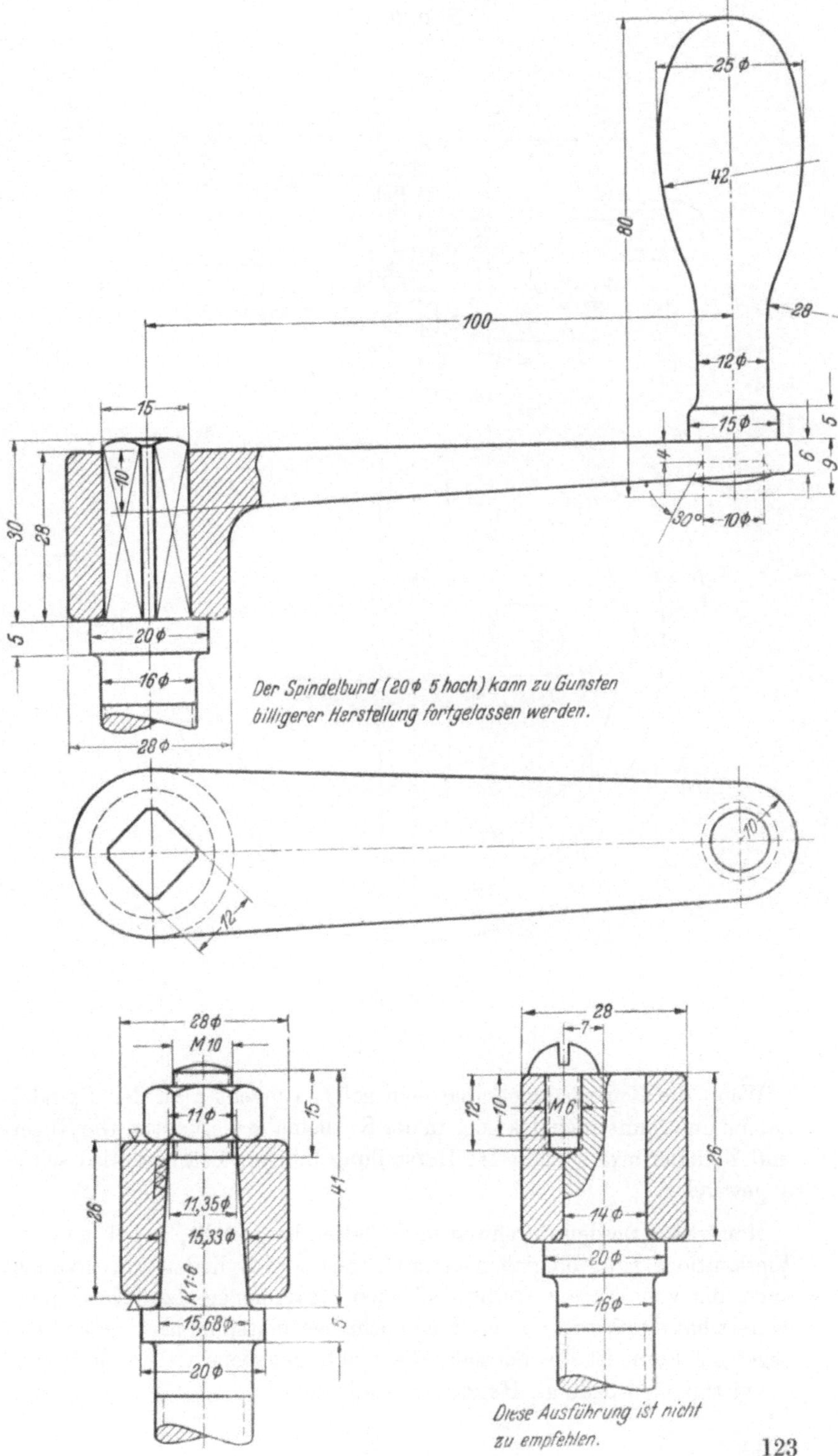

Der Spindelbund (20 ⌀ 5 hoch) kann zu Gunsten
billigerer Herstellung fortgelassen werden.

Diese Ausführung ist nicht
zu empfehlen.

Schnitt A–B

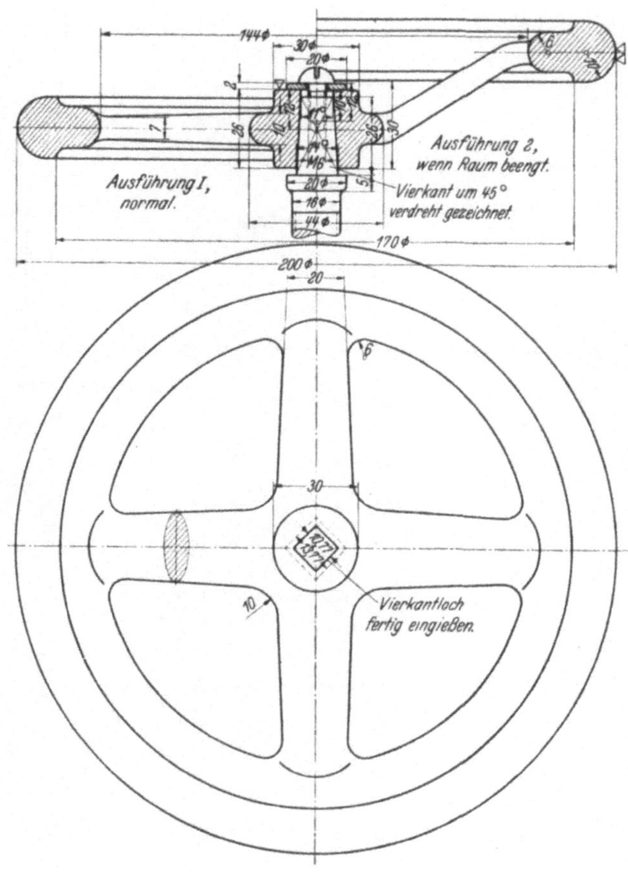

Wenn die Kurbel abnehmbar sein soll, so macht man den Spindel-
zapfen und somit auch das Loch in der Kurbelnabe vierkantig. Die Kegel-
und Zylinderform sind in der Herstellung billiger. Letztere wird selten
angewendet.

Handräder werden durchweg in Gußeisen hergestellt, wobei man das
Vierkantloch *fertig* eingießen kann. Kegel- und Zylinderform kommen
auch hier vor. Der aus Halbkreisflächen zusammengesetzte Kranzquer-
schnitt hat den Vorzug, sich außen leicht bearbeiten zu lassen. Die links
gegebene Form ist die normale, die rechts gegebene ist durch Raum-
schwierigkeiten bedingt. Handräder sind genormt.

23. Schraubenverbindung.

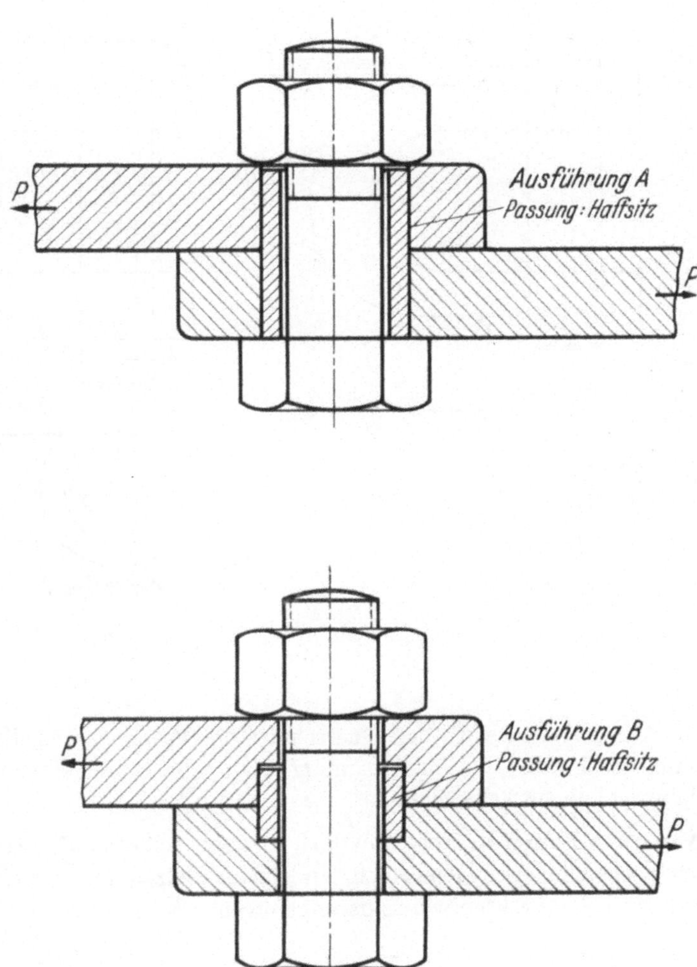

Die Entlastung der Verbindungsschraube kann durch Paßstifte bewirkt werden.

Von den angegebenen Ausführungen ist *A* einfacher und billiger in der Herstellung, *B* ist besser, weil hierbei die zu verbindenden Teile weniger geschwächt werden.

24. Stangenkopf.

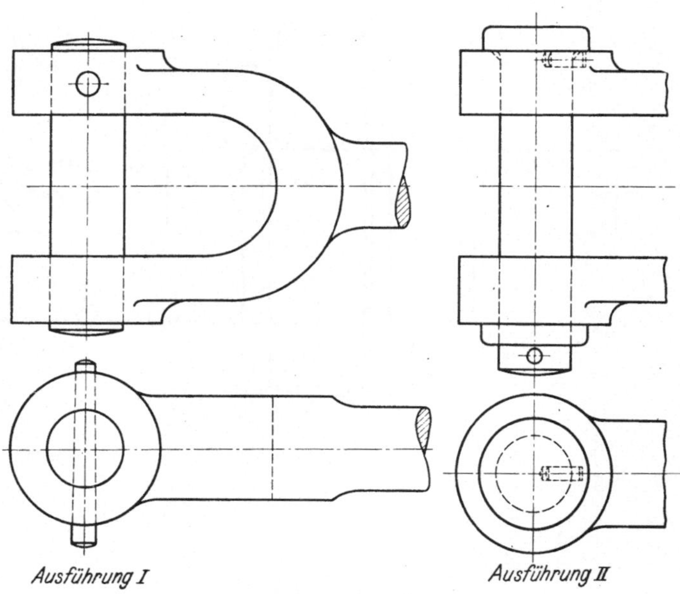

Bei Ausführung *I* wird der Querschnitt der Wange durch die Stiftbohrung geschwächt, bei Ausführung *II* erfährt der Bolzen eine in diesem Falle unschädliche Schwächung.

Wenn der Bolzen drehbar sein darf, so kann seine axiale Festlegung durch Seegerringe erfolgen. Auch ein glatter Bolzen mit Scheibe und Splint auf beiden Seiten würde dann genügen.

25. Überwurfmuttern.

Überwurfmuttern bei Stopfbüchsen nur bei kleineren Spindel- bzw. Stangendurchmessern. Bei größeren Abmessungen Ausführung entsprechend Aufgabe 21.

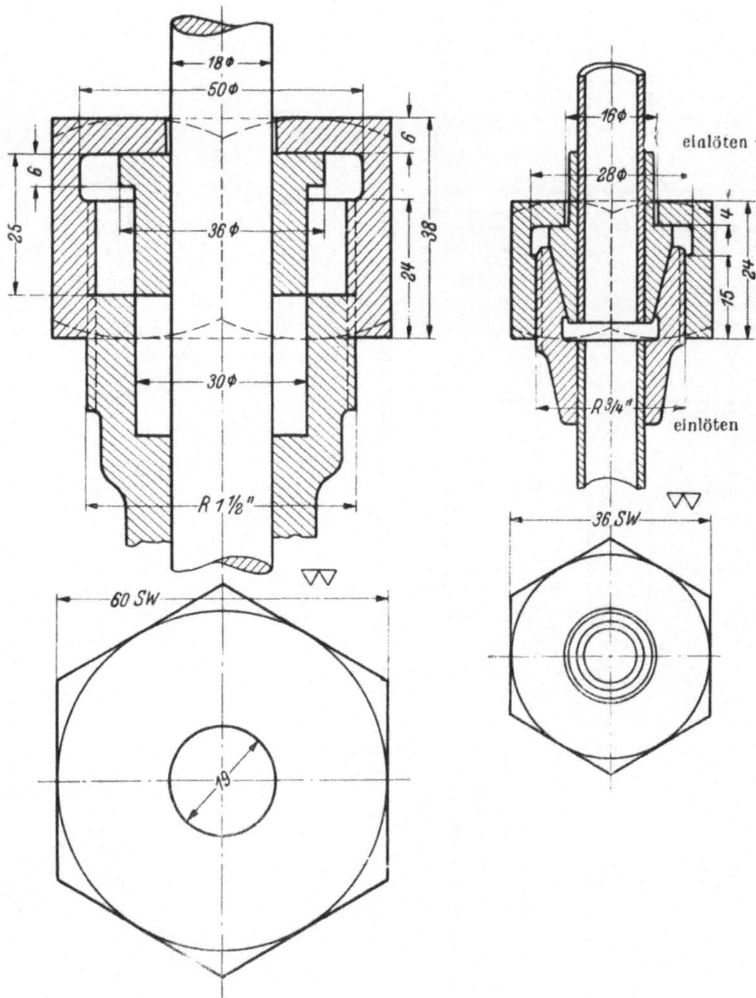

26. Riemenscheibennabe.

Die Keile sind in Abhängigkeit vom Wellendurchmesser genormt. Wegen der Unfallgefährlichkeit des Nasenkeils empfiehlt es sich, ihn durch eine darübergesetzte Blechkappe unschädlich zu machen.

Den Riemenscheiben gibt man auf Mitte Nabe und Mitte Kranz einen Versteifungswulst. Nabe und Kranz erhalten nach den Stirnflächen zu eine Verjüngung.

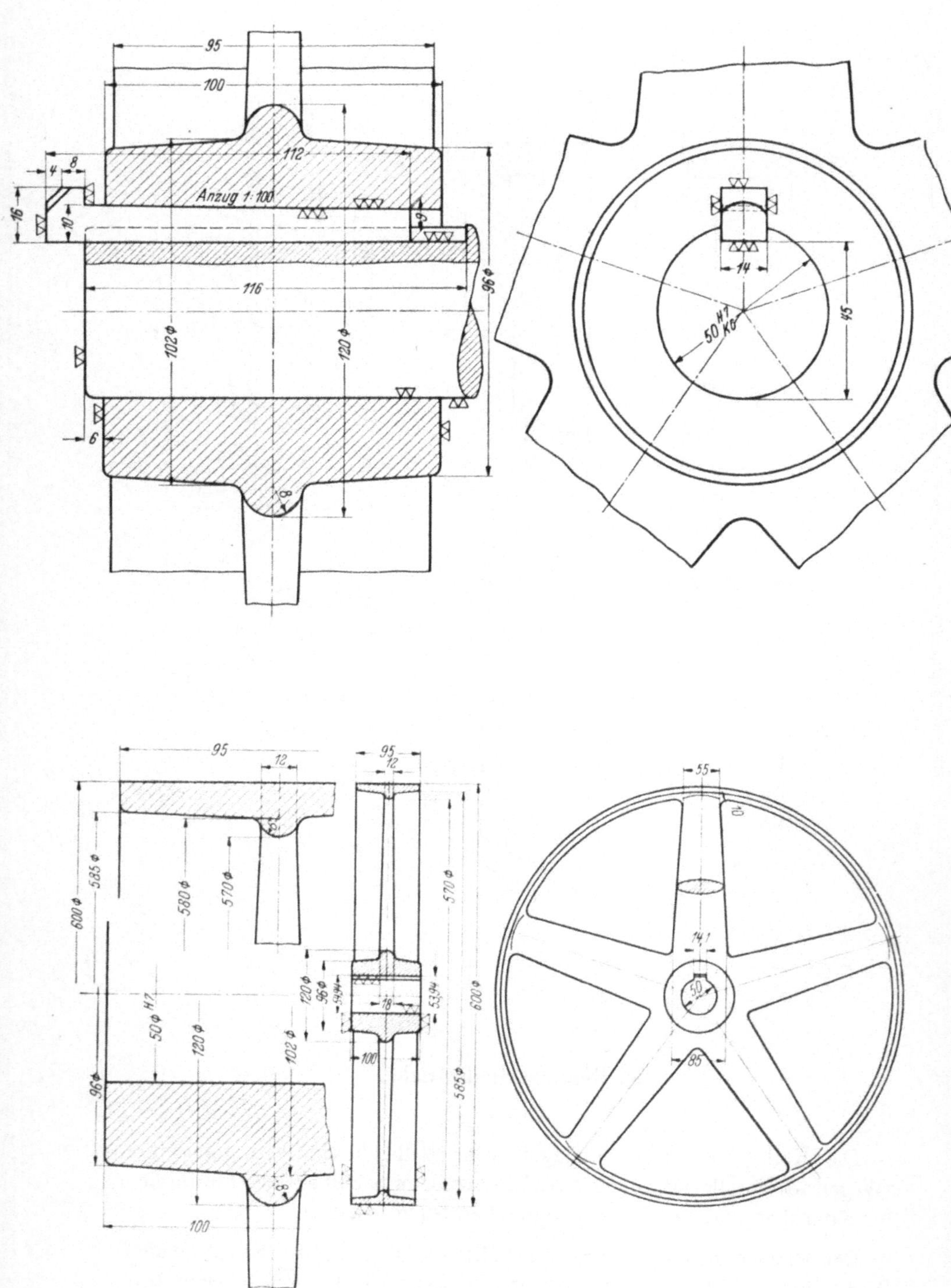

29. Zylinder mit Deckel.

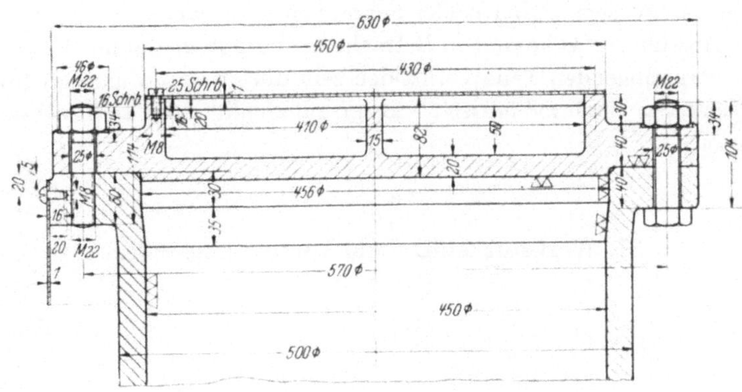

30. Festspannung einer Schraube.

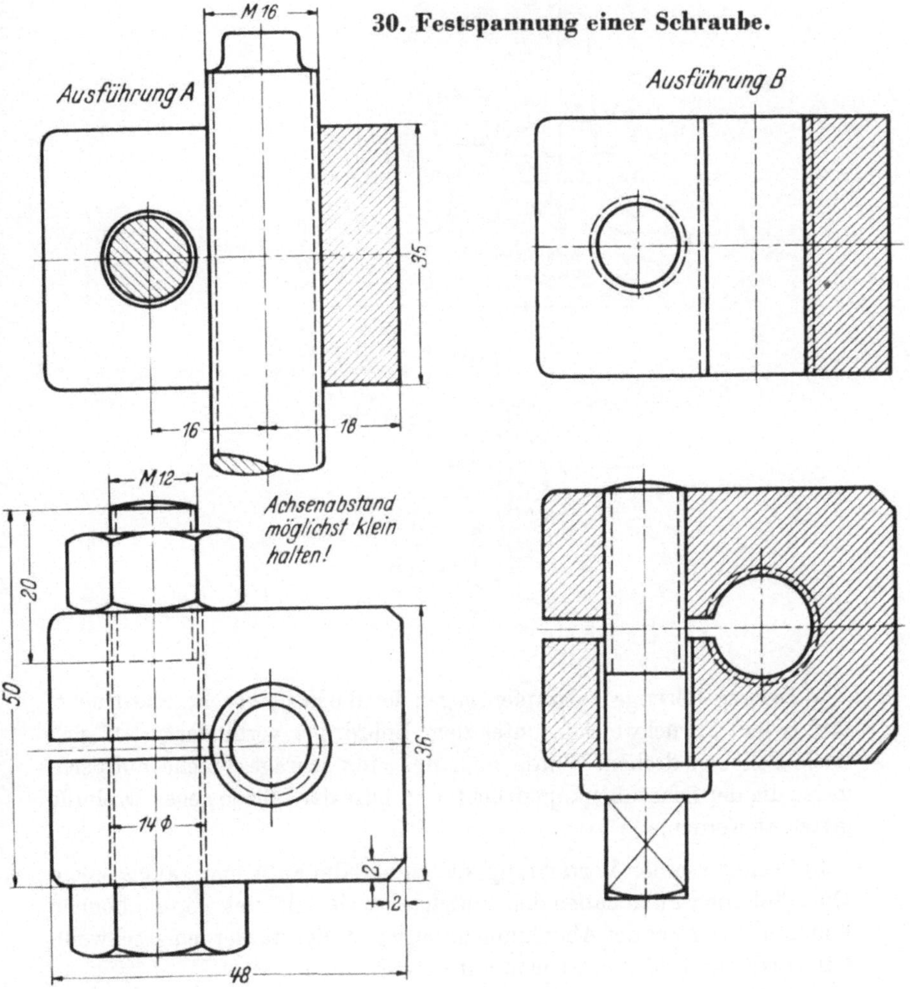

Ausführung A

Ausführung B

Die Verspannung zwischen Schraube und Mutter ist um so fester, je kleiner der Achsenabstand beider Schrauben voneinander ist.

Die Ausführung *B* kommt in Betracht bei beengtem Raum. Wenn gar keine vorspringenden Teile vorhanden sein dürfen, kann man an Stelle des Vierkants einen zylindrischen Kopf mit Schlitz oder Hohlsechskant einlassen.

31. Werkstückstütze und Vorrichtungsfüße.

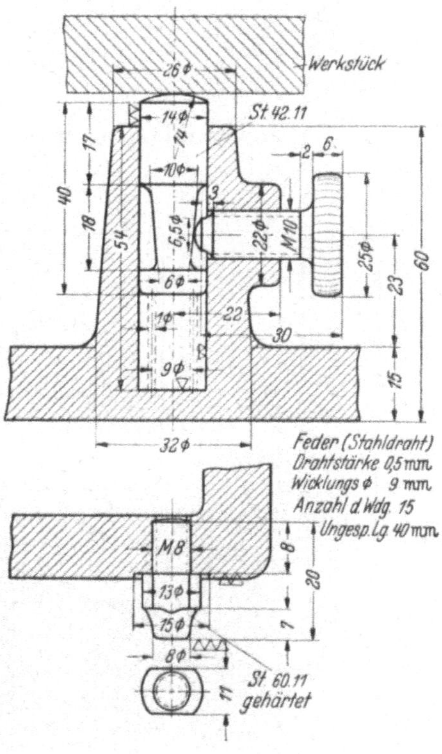

a) Der kegelförmige Halszapfen, gegen den die Feststellschraube drückt, und so ein Zurückweichen unter dem Bohrdruck verhindert, darf sich nach Belieben drehen. Würde man nur eine schräge Fläche anfräsen, gegen die der Schraubenkopf drückt, so müßte der Bolzen gegen Drehung gesichert werden.

b) Bei gußeisernen Vorrichtungskästen sind die Füße meist angegossen. Die stählernen Füße haben den Vorzug, daß sie gehärtet werden können und damit weniger der Abnutzung unterliegen. Bei stählernen geschweißten Vorrichtungskästen ist man auf sie angewiesen.

35. Kesselstuhl.

Die Lösung zeigt den Stuhl in Rippen-konstruktion; die mittlere große Rippe ist als geschlossene Platte durchgeführt.

Bei Dampfkesseln, wo die Rauchgase möglichst ohne Widerstand durchfließen sollen, muß der Kesselstuhl offen sein. Man muß unter Umständen auch zum Reinigen der Zugkanäle hindurchkriechen können.

Die runde Auflagefläche soll sich den äußeren, nicht den inneren Kesselschüssen anpassen.

Zur Erzielung einer sicheren Anlage des Kesselmantels an der Stuhlfläche legt man zwischen beide Teile eine dünne Bleischicht. Der Wärmeausdehnung der Dampfkessel wegen wird man bei Anordnung von 2 oder mehreren Kessel-stühlen nur einen auf festes Mauerwerk stellen, die anderen auf Rollen lagern, wobei zwischen Mauerwerk und Rollen eine Eisenplatte gelegt wird.

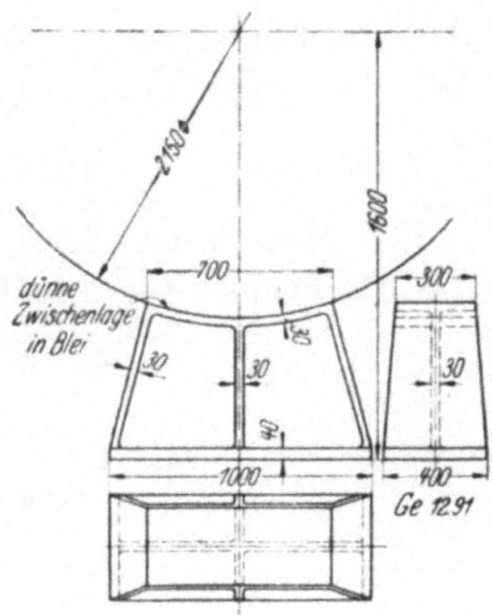

36. Abschlußorgan für eine Rohrleitung.

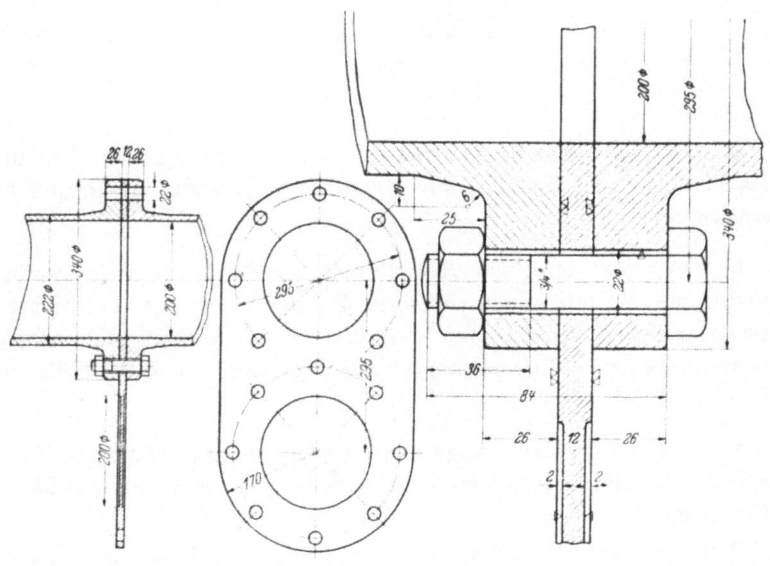

Diese Art der Absperrung einer Rohrleitung ist außerordentlich einfach, daher billig, und sie hemmt in keiner Weise den Durchfluß. Das Öffnen und Schließen des Schiebers ist aber umständlich, und während der Umstellung ist die Rohrleitung undicht. Eine zuverlässige Dichtigkeit der Verbindung ist ohnehin schwer zu erreichen.

Anwendung für Luftleitungen.

Das Maß X ist gleich dem Lochkreisdurchmesser des Rohrflanschs. Die Drehachse $A—B$ liegt auf der Mitte von X.

37. Feststellvorrichtung.

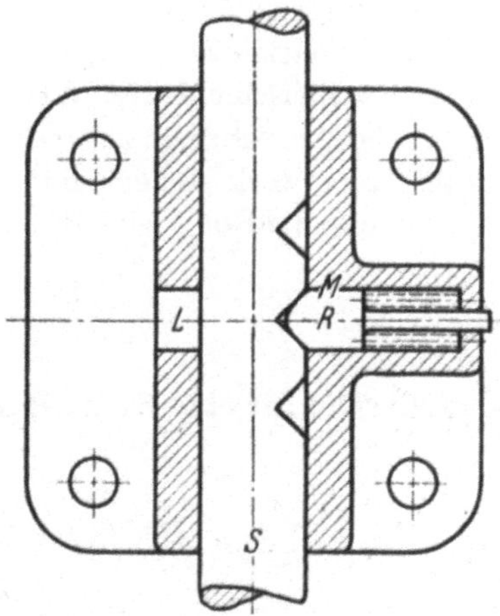

a) Das Loch L hat für den Betrieb der Vorrichtung keine Bedeutung. Es ist notwendig, um die Bohrung M herstellen und Raste und Feder einbauen zu können.

b) Das Ecken der Raste R und damit ihr Festsitzen, wird unmöglich, wenn man sie mit einem dünneren Zapfen verlängert und damit eine zweite Führung schafft. Man kann auch die Raste bei gleichbleibendem Durchmesser erheblich verlängern, sie hohl bohren und die Feder in die Bohrung legen.

c) Der Drehung der Stange wirkt schon die Raste entgegen. Wird die Stange am Ende durch einen Gabelhebel betätigt, so verhindert dieser die Drehung.

Wenn notwendig, kann man die Stange auf Hublänge längsnuten und den Kopf einer Schraube in die Nute eingreifen lassen.

38. Umwandlung von drehender in geradlinige Bewegung.

Erklärungen: A ist ein zweiteiliger Ring, der den Kugellaufring mit der zweiteiligen, durch Gewinde E verschraubten Innenbüchse verbindet. B ist eine Messingbüchse, die in den Kugellaufring mit Festpassung eingesetzt ist. C sind Kugeln, die je durch einen nicht dargestellten Käfig so gehalten werden, daß sie ihre Lage zueinander nicht ändern können. Die Kugeln liegen zwischen zwei Schiefscheiben, deren Abstand voneinander durch Spindel und Rohr so festgelegt ist, daß die Kugeln ohne nennenswertes Spiel auf den schiefen Ebenen laufen können. F sind kleine Bohrungen zum Ansetzen des Schlüssels beim Verschrauben der Innenbüchse. D ist eine Scheibenfeder, die eine Drehbewegung der Innenbüchse verhindert, die Längsbewegung aber zuläßt.

Wirkungsweise: Bei jeder Umdrehung des Rades R laufen die Kugeln auf den schiefen Ebenen einmal auf und ab und nehmen dabei den Kugellaufring und damit auch die Innenbüchse in axialer Richtung mit.

Der Hub liegt mit der Steigung der schiefen Ebenen fest.

Anwendung bei Rundschleifmaschinen.

39. Rundungsdreheinrichtung.

Zweck der Einrichtung: Beim Drehen der Handkurbel 3 soll die Schneide des Werkzeugs die Kurve der Wellenabrundung durchlaufen.

Wirkungsweise: Kurbel 3 betätigt den Schneckentrieb 4. Auf der Schneckenradwelle sitzt oben das genutete Triebrad 5, in dessen Nute sich der Bolzen 6 bewegen und zur Schneckenradwelle exzentrisch einstellen läßt. Ist die Exzentrizität gleich Null, so bilden die Achsen der Schneckenradwelle und des Bolzens 6 *eine* Gerade, und der Bolzen 6 mit Büchse 9 bringen an dem Werkzeugträger 8 und am Schlitten 10 keine Bewegung hervor. Ist die Exzentrizität etwa gleich 4 mm, so durchläuft jeder Achsenpunkt des Bolzens 6 beim Drehen der Schneckenwelle einen Kreis mit dem Halbmesser $r = 4$ mm. Diese Bewegung überträgt sich auf den Schlitten 10 und auf den Werkzeugträger 8, und zwar läuft 8 in Richtung senkrecht zur Drehachse des Werkstücks, 10 in Richtung parallel dazu. Dabei muß die Werkzeugschneide den gleichen kreisbogenförmigen Weg durchlaufen wie ein Achsenpunkt des Bolzens 6. Die Exzentrizität ist also gleich dem Abrundungshalbmesser des Werkstücks; sie ist an der Kante des Schlittens 10 (Draufsicht) einstellbar. Die Winkelstellung des exzentrischen Bolzens 6 kann an der Winkelteilung des Werkzeugträgers 8 abgelesen werden.

40. Wandabsteifung, Bolzen und Stirnrädergetriebe.

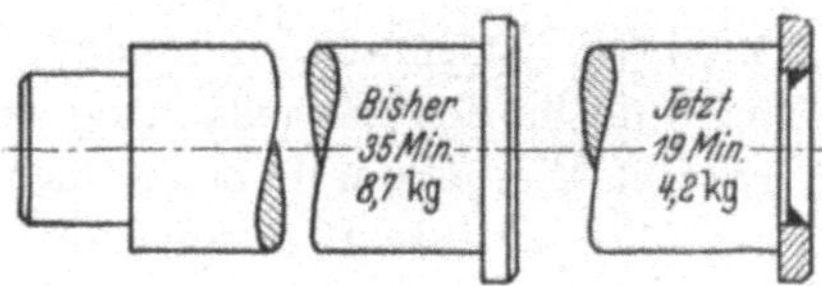

a) Wandabsteifung. Die beiden Bunde am Stehbolzen müssen durch Schmiedetätigkeit hergestellt werden. Das ist teuer. Außerdem muß das Maß zwischen beiden Bundstirnflächen (innerer Abstand der Wände voneinander) genau eingehalten werden.

Es genügt ein glatter Bolzen mit etwas längerem Gewinde an beiden Seiten und je eine Zusatzmutter an Stelle der Bunde. Hierbei läßt sich der Wandabstand beliebig einstellen.

Man kann sich auch mit einer Mutter je Seite begnügen und den Wandabstand durch ein über den Bolzen geschobenes Gasrohr festlegen.

In beiden Fällen ist die Konstruktion billiger und nicht schlechter als mit festen Bunden.

b) Stirnrädergetriebe.

α) Sind — wie angedeutet — alle 4 Räder auf ihren Wellen festgekeilt, so ist ein Drehen unmöglich. (Einer vollen Umdrehung der Kurbel entspricht $\frac{1}{9}$ Umdrehung des Rades mit 54 Zähnen, das mit der Kurbel auf gleicher Welle sitzt.) Ein Drehen der Kurbel wird erst möglich, wenn das 54er Rad lose auf der Welle läuft. (Vorgelege am Drehbank-Spindelkasten.)

β) Der Achsenabstand 304 mm kommt bei den gegebenen Abmessungen der Zahnräder nicht heraus. Es ergibt sich rechnerisch bei dem rechten Räderpaar $A = \frac{m}{2}(Z_1 + Z_2) = \frac{8}{2} \cdot (20 + 60) = 320$ mm, bei dem linken Räderpaar $A = \frac{8}{2}(18 + 54) = 288$ mm. Das ist nicht ausführbar. Man hat entweder die Zähnezahlen so zu wählen, daß $Z_1 + Z_2 = Z_3 + Z_4$ wird oder, wenn die angegebenen Zähnezahlen beibehalten werden müssen, die Moduln verschieden zu nehmen.

γ) Der Bolzen B ist aus wirtschaftlichen Gründen der bessere, weil er bedeutend weniger Werkstoff beansprucht als Bolzen A und weil an ihm weniger Zerspanungsarbeit zu leisten ist.

Der Bolzen mit der angeschweißten blanken Unterlegscheibe wird um 46% billiger als der Bolzen aus einem Stück. Die Werkstoffeinsparung beträgt 52%.

41. Bohrbüchse, Kopfschraube und Transportöse.

a) Bohrbüchse. Ein Gewinde gibt keine genaue Führung, legt also die Achsenstellung des Loches nicht sicher fest. Wenn man glaubt, auf das Gewinde nicht verzichten zu können, so ist ein glatt zylindrischer, genau führender Teil einzuschalten.

b) Verbindung mit Kopfschraube. Im oberen Stück darf kein Gewinde, muß vielmehr ein glattes Loch sein. Haben beide Teile Gewinde, so kann zwischen ihnen beim Anziehen der Schraube kein Spannungszustand entstehen; vollends werden beide Teile überhaupt nicht miteinander zur Anlage kommen, wenn beide Gewinde jedes für sich geschnitten werden.

c) Transportöse. Steht die Öse nach festem Einschrauben nicht in der gewünschten Stellung, so kann man durch Abdrehen der anliegenden Bundstirnfläche oder durch Zwischenlegen dünner Scheiben die Stellung regulieren.

42. Schlittenführung.

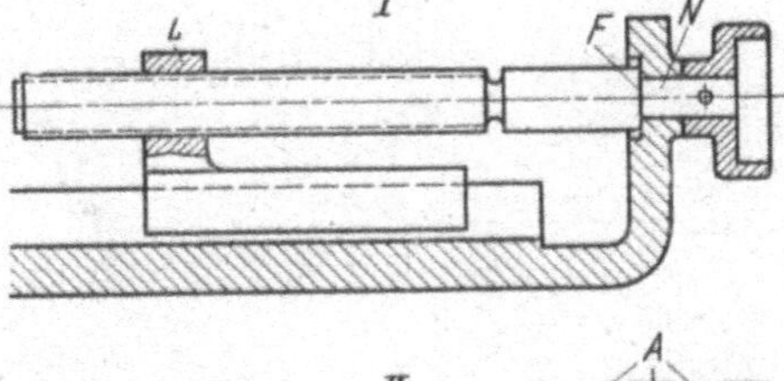

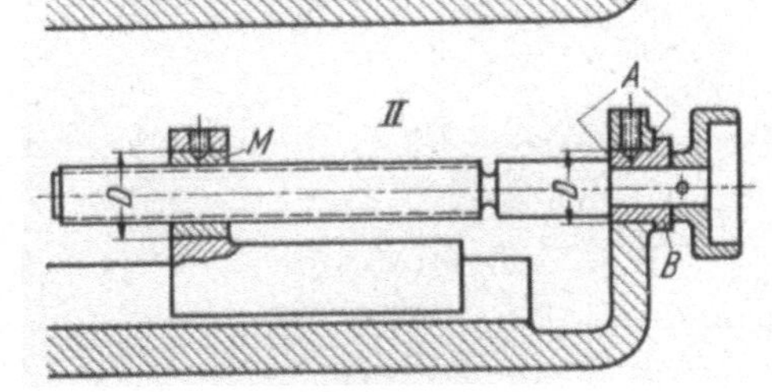

Die Ausführung *II* ist vielgestaltiger, also anscheinend schwieriger und teurer als *I*; trotzdem ist sie als die bessere vorzuziehen.

Damit nach Bild *I* das Muttergewinde bei *L* und die Bohrung bei *N* fluchten, also gleiche Achse haben, müßte mit einem langen Spiralbohrer und nachher mit einem langschaftigen Gewindebohrer gearbeitet werden. Außerdem ist es schwierig, an dem Gußkörper die Ebenheit und winklige Lage der Fläche *F* zu prüfen.

Die Ausführung *II* umgeht diese Schwierigkeit, indem bei *B* und *M* Büchsen gleichen Außendurchmessers vorgesehen sind. Die Bohrungen *D* werden gemeinsam auf dem Bohrwerk gebohrt und die Mutter wird auf der Drehbank geschnitten. Die Stirnflächen der Büchse *B* lassen sich mit jedem Spitzengerät auf Stirnschlag prüfen.

43. Stütze für Handleiste.

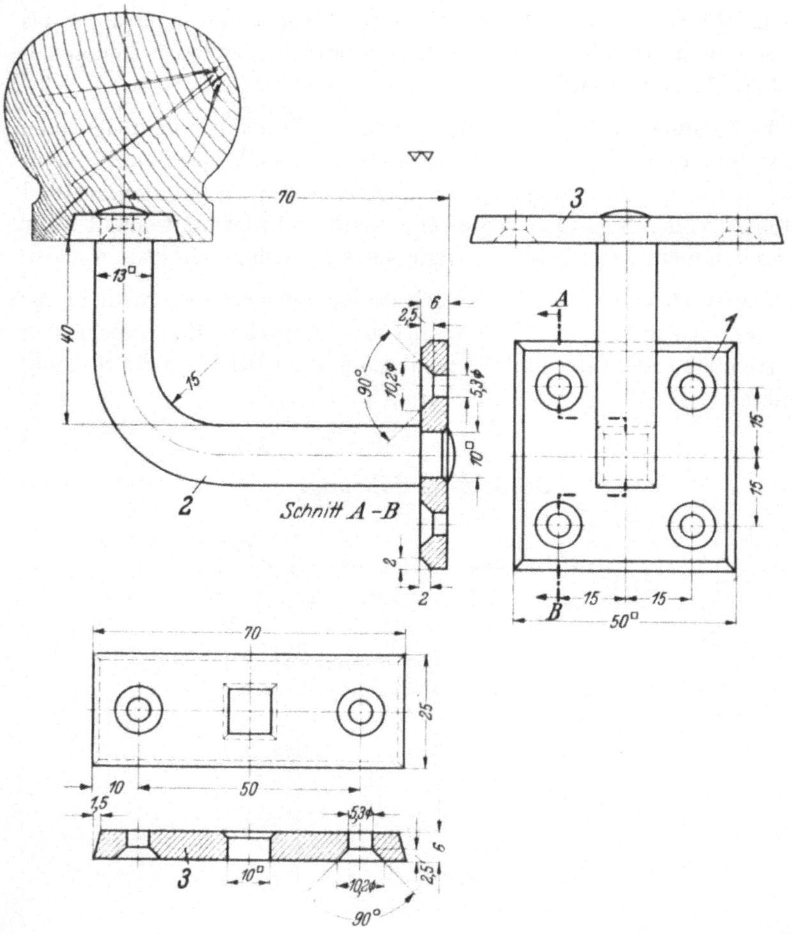

Die in der Lösung dargestellte Stütze wird in Stahl als Nietverbindung ausgeführt. Die Teile können auch durch Schweißen miteinander verbunden werden. Auch einteilige Ausführung in Temperguß ist möglich.

50. Krümmer mit Fuß und Rohrlager.

Bei der Gestaltung des Fußes ist darauf zu achten, daß 'die Projektion des Schwerpunktes des ganzen Körpers innerhalb der Fläche des Fußflansches liegt.

In der Lösung ist die vierkantige Kastenform gewählt worden; ebenso zweckmäßig wäre die runde Form. Der geschlossene Kasten zwingt zwar in der Gießerei zur Anwendung eines besonderen Kerns, hat aber vor dem kernlosen +- oder I-Querschnitt den Vorzug der glatten, leicht reinzuhaltenden Außenfläche und ist stabiler als jene.

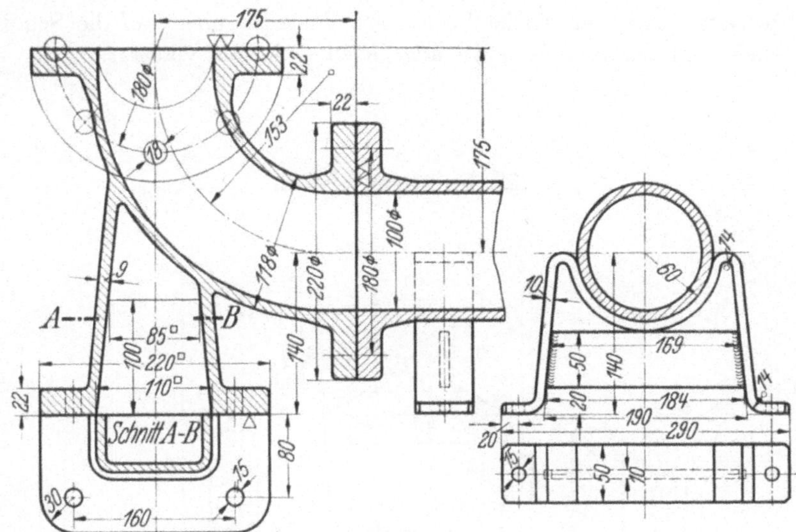

Bei Rohrleitungen, die großen Temperaturschwankungen ausgesetzt sind, ist es besser, die Rohre nicht auf festen Lagern, sondern auf Rollen aufliegen zu lassen. Es ist auch üblich, solche Rohre pendelnd aufzuhängen.

51. Rohrkrümmer.

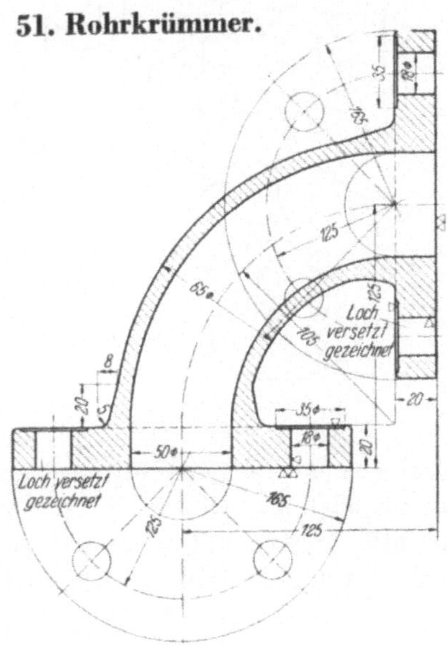

Diese Krümmer sind genormt; der Konstrukteur hat also normaler-
weise mit ihrer Gestaltung nichts zu tun. Für den Lernenden bedeutet
diese Konstruktion eine gute Übung.

Zur Anordnung der Flanschlöcher, wenn deren Anzahl 4 beträgt, ist
zu sagen, daß man solche Löcher grundsätzlich nicht auf die Schnitt-
ebene legt, sondern sie — wie angegeben — um 45° versetzt.

52. Durchgangshahn.

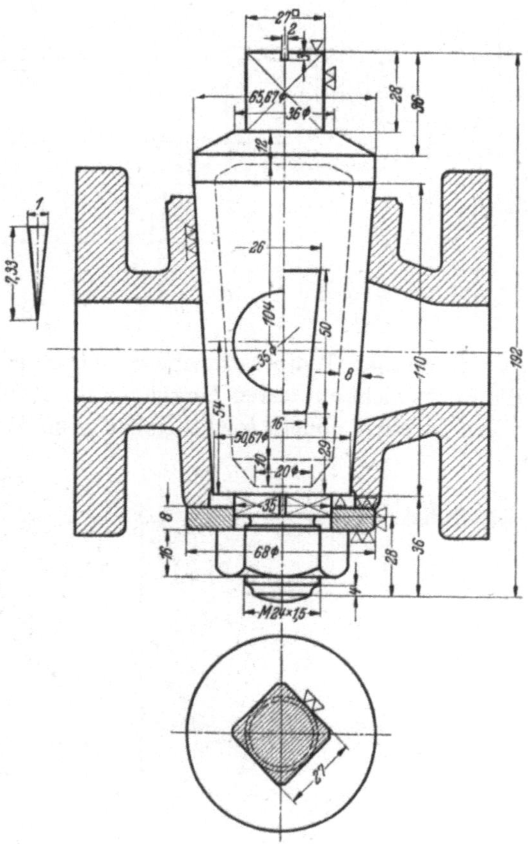

Die Maße des vorhandenen Gehäuses ergeben eine Kegelsteigung
1 : 7,33. Sie wird hier eingehalten, weil das Gehäuse wie es ist, benutzt
werden soll. Die genormte Steigung 1 : 6 ist besser, weil sich das Küken
dabei nicht so leicht festsetzt, und weil es sich beim Nachschleifen weniger
stark senkt.

Das beim vorhandenen Gehäuse durchgehend zylindrische Loch (linke Seite der Darstellung) ist ungünstig, weil es beim Küken ebenso ausgeführt werden muß und weil dabei u. U. die Dichtungsbreite unzulässig geschmälert wird. Es ist besser, die am Flansch kreisrunde Form des Loches nach der Kegelbohrung zu in einen trapezförmigen, langgestreckten schmalen Querschnitt überzuführen und diese Lochform auch beim Küken durchzuführen. (Rechte Seite des Bildes.)

Weil sich das Küken beim Nachschleifen etwas senkt, setzt man bei ihm das Loch für den Neuzustand um ein weniges höher als das am Gehäuse.

Das Eingreifen des unteren Vierkantzapfens des Kükens in eine Unterlegscheibe verhindert ungewolltes Lösen der Mutter beim Drehen des Kükens.

Der Riß auf der Stirnfläche des oberen Vierkants macht die Durchflußrichtung nach außen hin sichtbar.

Anstatt das Küken mit Gewindezapfen und Mutter festzuziehen, kann man das Gehäuse auch unten geschlossen bauen und das Küken von oben her mit einer Stopfbüchse in den Hohlraum drücken.

57. Dreharbeit zwischen den Spitzen.

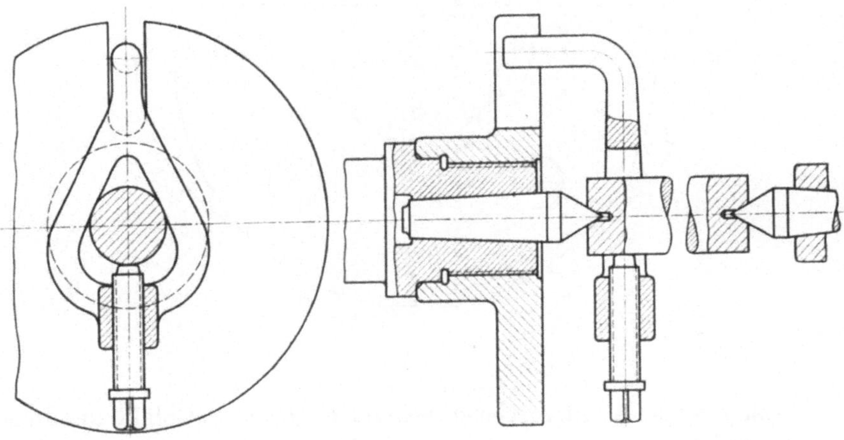

Die Spitzen sollen im Kegel der Anbohrung auf den Stirnflächen des Werkstücks anliegen, die eigentliche punktförmige Spitze darf nicht berühren. Deshalb wird ein 3 mm zylindrisches Loch gebohrt und dieses unter 60° ausgesenkt.

Das umlaufende Drehherz bringt Unfallgefahr mit sich. Man versuche eine Einspannung zu entwickeln, die diesen Nachteil nicht hat.

58. Rohrstutzen.

Der kleine Ellipsendurchmesser ergibt sich aus:

$$d^2 \frac{\pi}{4} = a \cdot b \, \frac{\pi}{4}$$

$$b = \frac{d^2}{a} = \frac{60^2}{90} = 40 \text{ mm}.$$

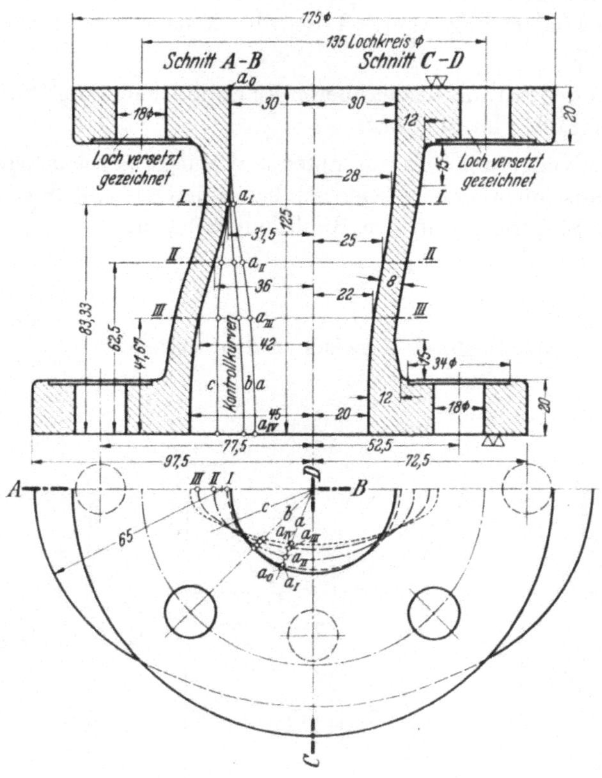

Man zeichnet entsprechend Schnitt *C–D* nach Gefühl die Innen-
mantellinie für den Übergang vom Halbmesser 30 mm oben auf 20 mm
unten. Dann werden 3 bis 4 gleichmäßig verteilte Schnitte *I ÷ I; II ÷ II*
usw. so angenommen, daß sich die ganzzahligen kleinen Halbmesser 28;
25; 22 ergeben und die zugehörigen großen Ellipsenhalbmesser 31,5; 36;
42 (bei gleichbleibendem Querschnitt) berechnet. Die entsprechenden
Ellipsen werden in der Draufsicht gezeichnet und durch Schnitte *a; b; c*
(Draufsicht) die Kontrollkurven *a; b; c* im Schnittbilde entwickelt. Die
Kontrollkurven sollen zeigen, daß überall ein glatter Übergang besteht.

140

59. Schalenkupplung.

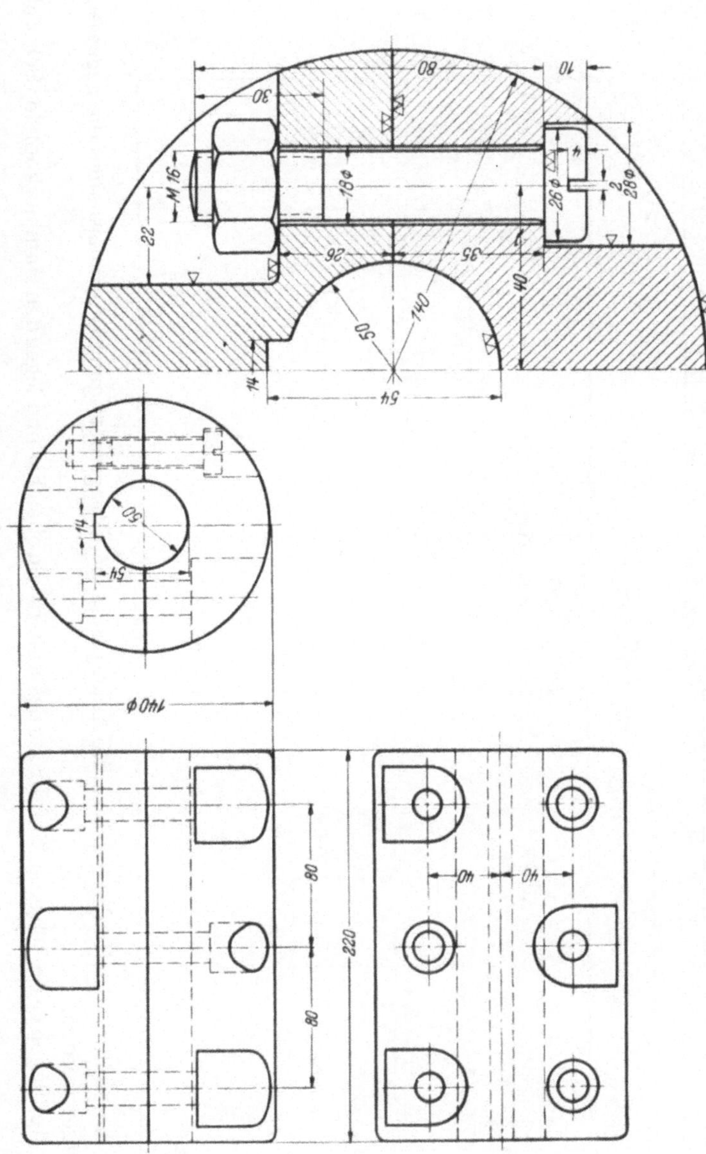

Man macht den Außendurchmesser der Kupplung, um sie leicht zu halten, möglichst klein und geht mit den Schrauben ziemlich dicht an die Welle heran. Die Anordnung muß aber so sein, daß von den Schrauben nichts nach außen vorsteht (Unfallgefahr). Zweckmäßig schließt man die Kupplung in eine geschlossene Blechkapsel ein.

60. Ankerplatte zum Maschinenfundament.

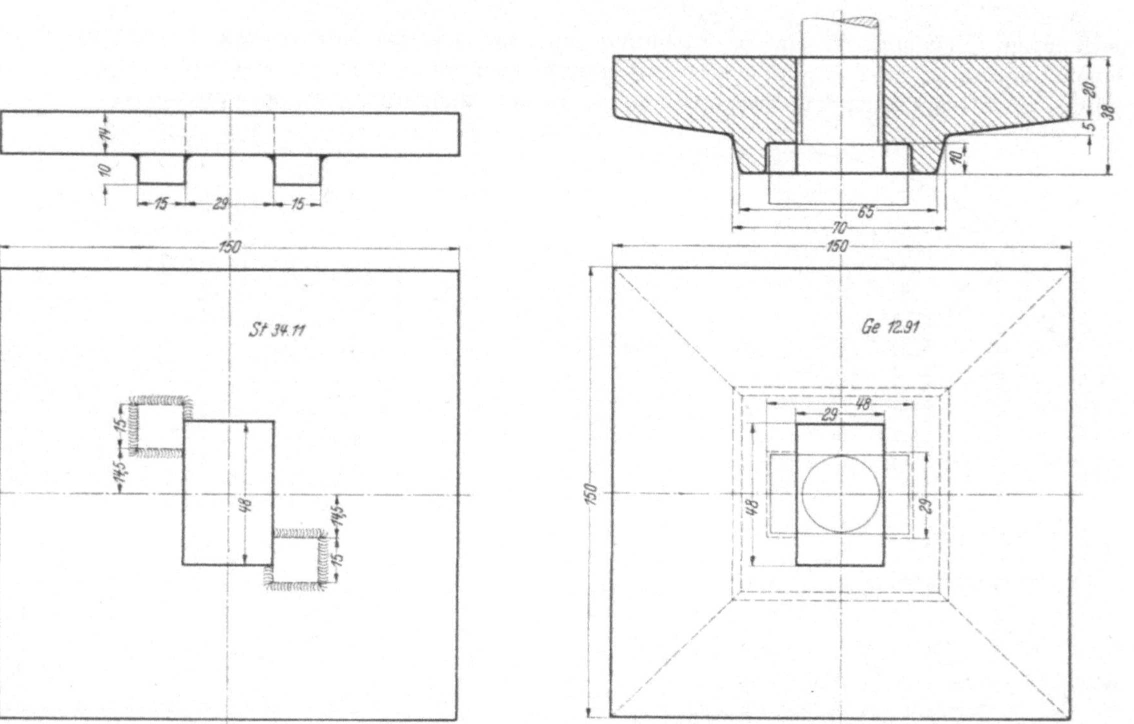

Bei Einzelherstellung dürfte die geschweißte Ankerplatte, bei Mengenfertigung (Formmaschine) die gegossene Ausführung billiger werden.

Beide Darstellungen gestatten eine Einführung des Ankers von oben her und legen den Hammerkopf der Schraube fest.

61. Flaschenschraubstock.

a) Zwei der Schrauben in der beweglichen Backe machen den Gebrauch des Schraubstocks unmöglich.

b) Die Auflageleisten, mit denen sich die bewegliche Backe auf die Flasche stützt, müssen gekrümmt sein (Mittelpunkt der Krümmung im Drehpunkt der Backe).

c) Die Blattfeder erzeugt nur Reibung im Gelenkbolzen, aber kein Öffnungsbestreben der beweglichen Backe.

d) Spindelmutter und Spindel müssen der kreisbogenförmigen Bahn der Spindelbohrung in der beweglichen Backe beim Öffnen des Schraubstocks folgen können. Das können sie nur, wenn die Löcher in beiden Backen nicht zylindrisch, sondern, der Spindelbewegung angepaßt, ausgeweitet sind.

e) Wie gezeichnet, würden bei Öffnung des Schraubstocks die Bunde der Spindelmutter und der Spindel nur an einer Stelle anliegen (Punktanlage). Man erreicht Linienanlage durch Abrundung des Mutterbundes und durch Zwischenschaltung einer ebenfalls abgerundeten Scheibe zwischen Backe und Spindelbund. Die Scheibe muß gegen Drehung gesichert sein.

f) Am Spindelmutterbund ist eine Nase, in der festen Backe eine dazu passende Nute anzubringen, damit sich die Spindelmutter nicht drehen kann.

g) Das Gewinde der Spindel ist zu kurz.

h) Das Späneschutzblech muß an der beweglichen Backe sitzen.

i) Die Spannflächen sollen bei etwa 35 mm Spannweite parallel spannen. Sie müssen deshalb bei geschlossenem Schraubstock divergieren.

k) Es ist üblich, an der festen Backe einen kleinen Amboß anzubringen.

l) Am unteren Ende der Angel fehlt die Krampe, die den Schraubstock in seiner Lage festhält.

63. Spannklaue zum Schnellspannschraubstock.

Werkstoff: Stahlguß Stg 38.81.

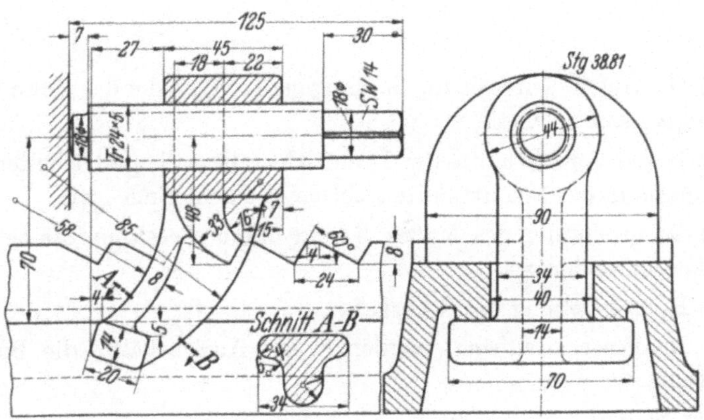

Es wird zuerst die Spindelmutter als hohlzylindrischer Körper entwickelt und diese bogenförmig so unterbaut, daß eine feste Anlage der Mutter am Gehäusezahn zustande kommt. Der Spindeldruck wird dann vom Gehäuse aufgenommen. Es besteht aber ein Drehmoment des Spindeldrucks, das durch ein entsprechendes Gegendrehmoment ausgeglichen werden muß. Dazu schafft man auf der Unterfläche des Gehäuses (Fläche *B* in der Aufgabenskizze) eine zweite Anlagestelle, an der die Gegenkraft angreift. Sie darf nicht senkrecht unter der Anlagefläche am Gehäusezahn liegen.

64. Hahngehäuse.

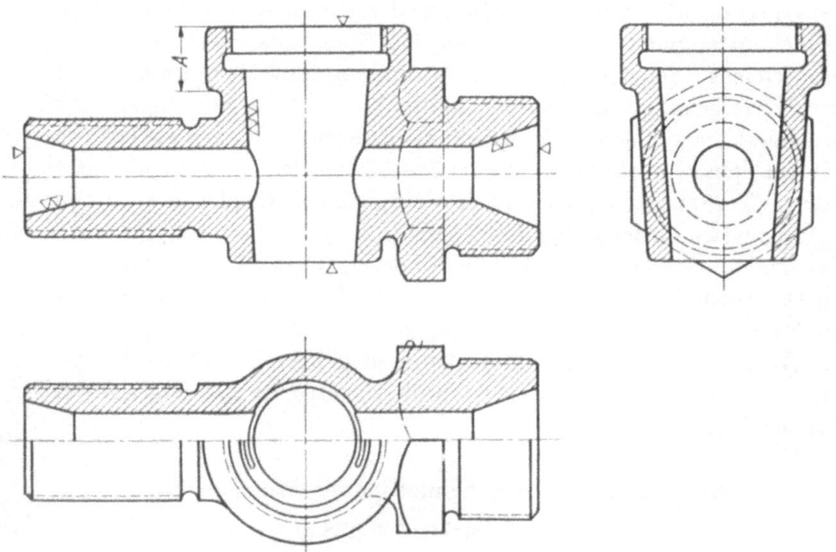

a) Der Aufriß wurde in die Stellung gebracht, in der der Hahn betriebsmäßig zu stehen pflegt.

b) In der Ansichthälfte der Draufsicht fallen alle gestrichelten Linien, soweit sie in der Schnitthälfte sichtbar gemacht sind, fort.

c) Vergrößerung des Maßes *A* und damit Beseitigung einer Wandstärkenschwächung.

d) Richtigstellung des Sechskants.

e) In dieser Draufsicht werden in der Ansichthälfte die Bohrungen sichtbar.

Der Seitenriß als Schnitt wurde hinzugefügt.

144

66. Kochkessel.

Die Achse der Deckelschraube muß die Achse des Klappbolzens schnei-
den. Im gezeichneten Zustand wird man auch bei fest angezogener Mutter
die Schraube immer von Hand umlegen können.

69. Gelenkverbindung.

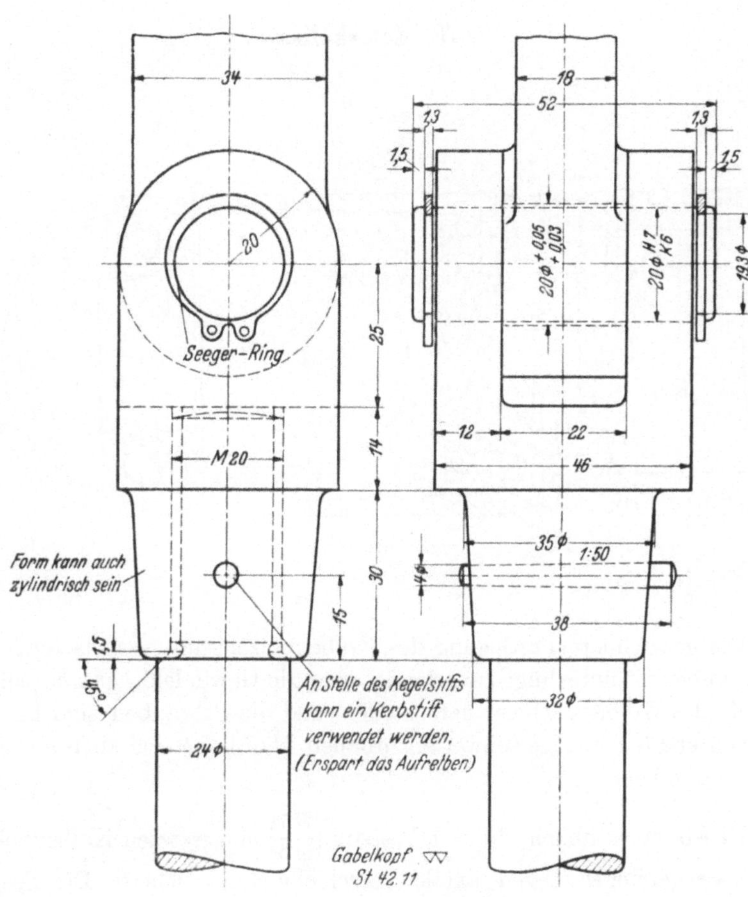

Etwa verlangte Regulierbarkeit der Stangenlänge kann man dadurch
erreichen, daß man das Stangengewinde verlängert und die Sicherung
durch eine Gegenmutter bewirkt. Der Sicherungsstift fällt dabei natür-

lich fort. Wenn dann das andere Ende der Stange Linksgewinde trägt, so läßt sich durch Drehen der Stange jede gewünschte Länge einstellen. Bei festen Verbindungen zwischen den Gabelköpfen und Stangenenden läßt sich die Einstellbarkeit durch Einbau eines Stangenschlosses mit Rechts- und Linksgewinde erreichen. Der Gelenkbolzen ist hier als glatter Bolzen dargestellt und ist axial durch Seegerringe gesichert. Er hat im Gabelkopf eine Haftpassung.

70. Motorkolben.

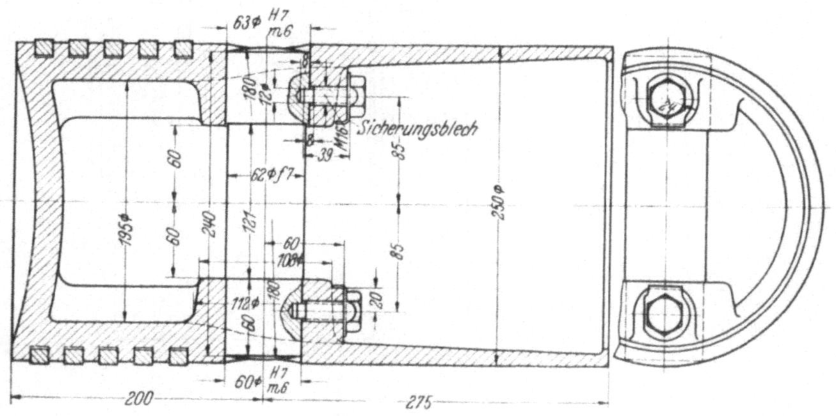

Die gezeichnete Festlegung des Kolbenbolzens mit gesicherten Kopfschrauben ist unbedingt zuverlässig, aber die Gewindelöcher sind bei der Tiefe des Kolbens schwer herzustellen, und die Schrauben sind bei eingebauter Pleuelstange schwer einzubauen. Man kann sich auch mit *einer* Schraube begnügen.

Heute ist es üblich, die mit Festsitz $\left(\dfrac{H\,7}{m\,6}\right)$ eingesetzten Kolbenbolzen mit Seegerringen gegen axiale Verschiebung zu sichern. Die Seegersicherung kann als Kolbenbolzen-Innensicherung angewendet werden, indem man den Bohrungen der Bolzennaben am Außenende Nuten zur Aufnahme des Seegerringes gibt; sie kann aber auch als Außensicherung auftreten, indem die Aufnahmenuten für die Seegerringe in die Enden des Kolbenbolzens gelegt werden. In diesem Falle büßt man an Auflagefläche des Bolzens mehr ein als bei Innensicherung.

73. Ausrichtvorrichtung.

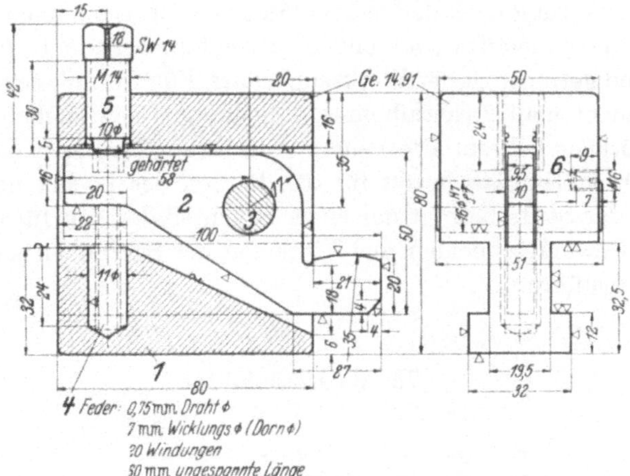

Stückliste.

Stück-zahl	Benennung und Bemerkung	Teil	Werkstoff und Rohmaße	Modell-Nr.	Gewicht
1	Madenschraube M 6 ; 7 lg	6	St 37.11		
1	Druckschraube M 14 ; 42 lg	5	St 60.11		
1	Schraubenfeder	4	Federstahl 0,75 ø ; 500 lg		
1	Bolzen	3	St 42.11 18 ø ; 54 lg		
1	Stützhebel	2	St 42.11 52×102×10		
1	Vorrichtungs-Gehäuse	1	Ge 12.91	A V 1	

	Datum	Name		Datum	Name	Maschinenfabrik Becker & Co. Altona
Gezeichnet			Normgepr.			
Geprüft			Gesehen			

Maßstab :	**Vorrichtung zum Ausrichten von Teilen auf Werkzeugmaschinentischen**	A V 1
		Ersatz für :
		Ersetzt durch :

Der Bolzen 3 wird nach der Zeichnung mit Laufsitz eingepaßt und durch Madenschraube in seiner Lage gesichert. An Stelle der Madenschraube können auch Seegerringe verwendet werden. Man kann auch dem Bolzen in den Lagern eine Festpassung $\left(\dfrac{H\,7}{m\,6}\right)$ geben und dann auf die Sicherung verzichten. Der Stützhebel muß auf dem Bolzen frei beweglich sein.

74. Lagerschild.

Die Ausführung nach der rechten Skizze erfordert weniger Werkstoff, und Schwerspannstifte sind billiger als entsprechende Kopfschrauben. Bedeutend geringer ist der Werkzeugbedarf. Für die linksseitige Ausführung braucht man 2 Spiralbohrer, 1 Senker, 1 Gewindebohrer und die dazugehörigen Lehren. Die neuere Ausführung beansprucht nur einen Spiralbohrer. Die Arbeitszeit für das Bohren der Löcher und das Einschlagen der Stifte beträgt nur einen Bruchteil der Zeit für das Bohren, Senken, Gewindeschneiden und Einsetzen der Schrauben nach der bisherigen Ausführung.

78. Wasserbehälter.

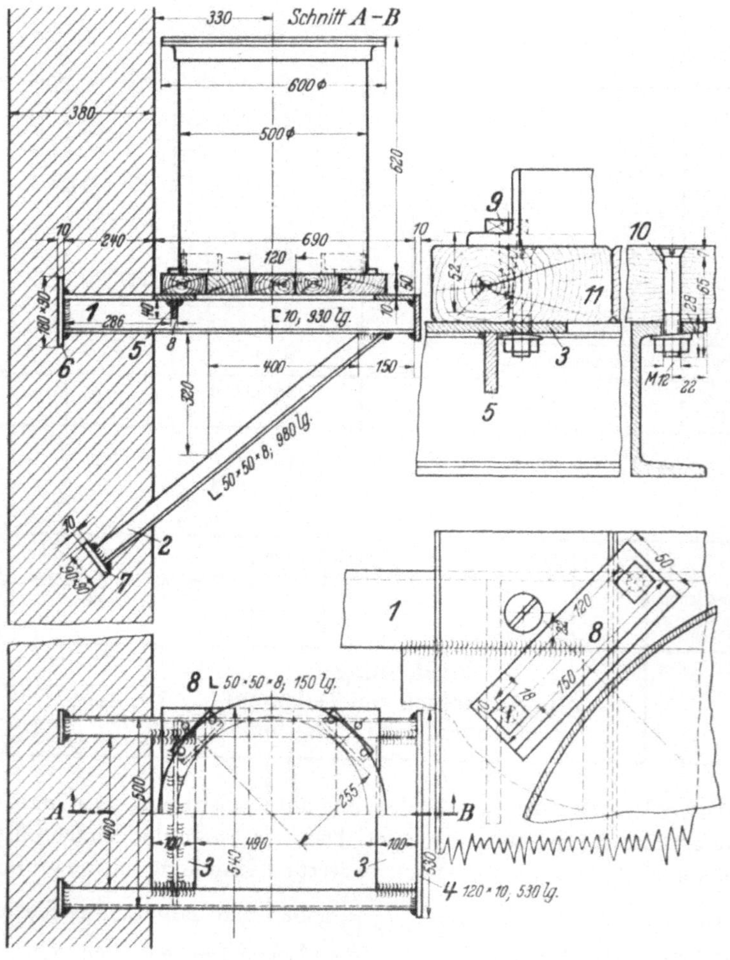

Stückliste.

Stückzahl	Benennung und Bemerkung	Teil	Werkstoff und Rohmaße	Modell-Nr.	Gewicht
5	Holzbohlen	11	Kiefer 50 × 120, 540 lg		
10	Senkschraube mit Unterlegscheibe u. Mutter Din 87, Bl. 1	10	St 38.13, M 12, 72 lg		
8	Holzschraube m. Vierkantkopf Din 570	9	St 28.13, M 10, 52 lg		
4	L-Stahl	8	St 00.12 50 × 50 × 8, 150 lg		
2	Blech	7	St 00.21 90 × 90 × 10		
2	Blech	6	St 00.21 180 × 90 × 10		
1	Flachstahl	5	St 00.12 40 × 8, 488 lg		
1	Flachstahl	4	St 00.12 120 × 10, 530 lg		
2	Flachstahl	3	St 00.12 100 × 10, 500 lg		
2	L-Stahlstütze	2	St 00.12 50 × 50 × 8, 980 lg		
2	⌐-Stahl. Din 1026, Bl. 1	1	St 00.12 ⌐ 10, 930 lg		

	Datum	Name		Datum	Name	
Gezeichnet			Normgepr.			Maschinenfabrik Becker & Co. Altona
Geprüft			Gesehen			

Maßstab:		Zeichnung Nr. R 97/2
	Konsole für einen Wasserbehälter	Ersatz für:
		Ersetzt durch:

Anstatt auf Holzbohlen kann man den Behälter auch auf eine Blechplatte stellen, die mit dem Gestell verschweißt wird.

82. Stützenfuß.

Stückliste.

Stückzahl	Benennung und Bemerkung	Teil	Werkstoff und Rohmaße	Modell-Nr.	Gewicht
2	Blech	11	St 37.11 $290 \times 650 \times 16$		
4	Blech	10	St 37.11 $290 \times 284 \times 13$		
2	∟-Stahl	9	St 37.11 $120 \times 120 \times 13, 220$ lg		
2	⊏-Stahl	8	St 37.11 ⊏ 30, 210 lg		
2	⊏-Stahl	7	St 37.11 ⊏ 30, 140 lg		
2	∟-Stahl	6	St 37.11 ∟ $80 \times 80 \times 10, 650$ lg		
4	∟-Stahl	5	St 37.11 ∟ $80 \times 80 \times 10, 204$ lg		
8	∟-Stahl	4	St 37.11 ∟ $70 \times 70 \times 9, 140$ lg		
2	⊏-Stahl	3	St 37.11 ⊏ 14, 880 lg		
2	⊏-Stahl	2	St 37.11 ⊏ 14, 770 lg		
1	Blech	1	St 37.11 $770 \times 1000 \times 20$		

	Datum	Name		Datum	Name	
Gezeichnet			Normgepr.			Maschinenfabrik Becker & Co. Altona
Geprüft			Gesehen			

Maßstab:		Zeichnung Nr. St 18/6
	Stützenfuß	Ersatz für:
		Ersetzt durch:

Den Stützenfuß würde man heute einfacher und billiger in Schweißkonstruktion ausführen.

86. Kasten und Einzelheiten zum Schnappschloß.

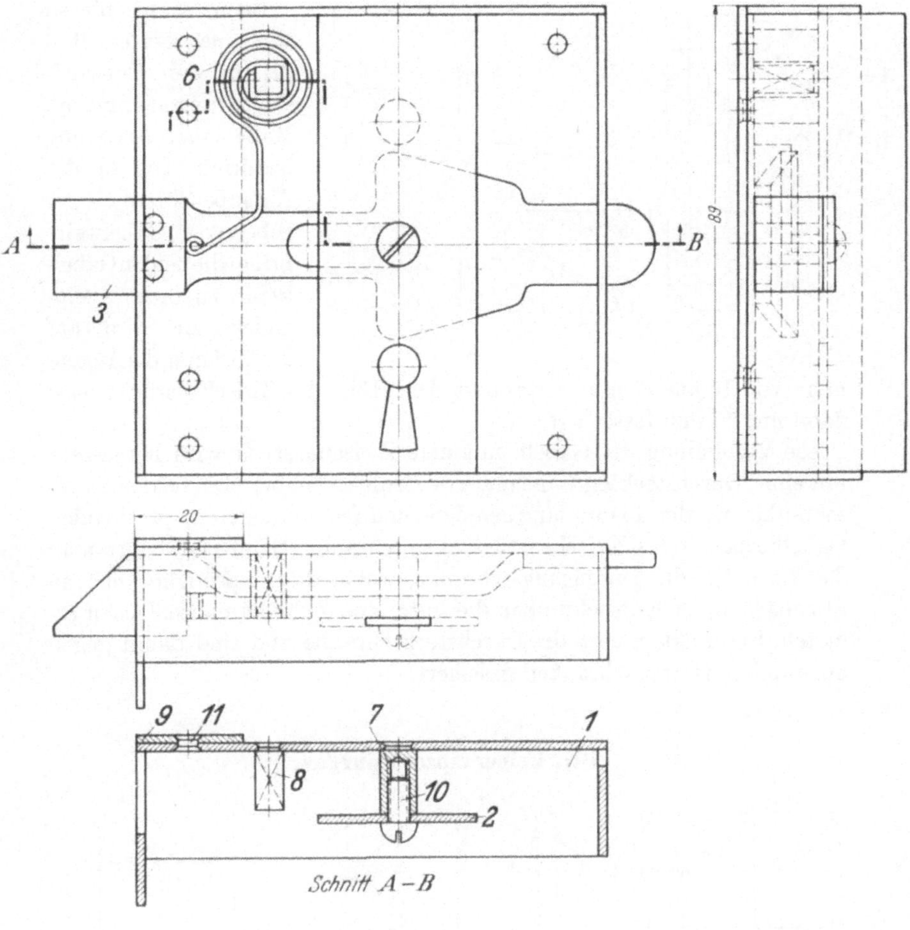

Schnitt A–B

104. Einströmhebel.

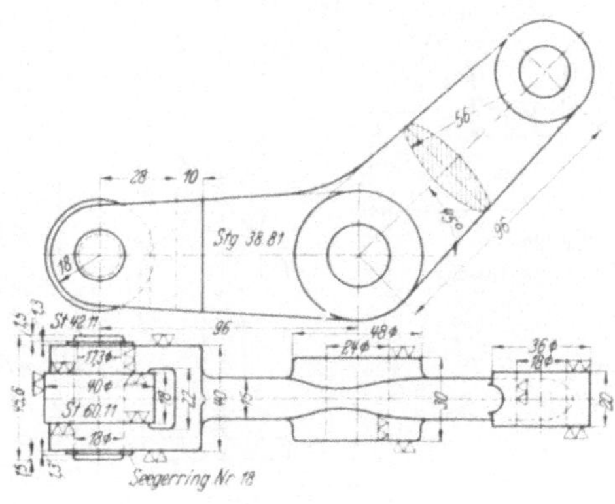

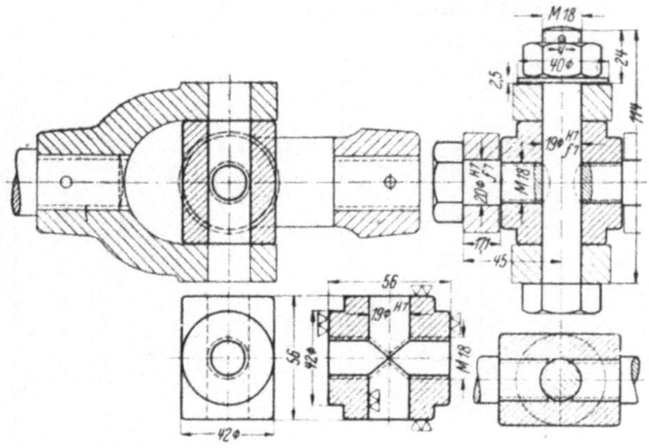

105. Gelenkkupplung.

Beim Konstruieren stellt man oft fest, daß die in der Entwurfskizze angenommenen Maße einer Änderung bedürfen. Die in der Aufgabenskizze gegebene Gabelweite bringt die beiden Gabelköpfe zu dicht aneinander; sie wird auf $2 \times 28{,}1$ mm, die Augenhöhe von 15 auf 17 mm vergrößert. Die Höhe des Zwischenstücks wird dann mit 56 mm festgelegt.

Die Verbindung der Gabeln mit dem Zwischenstück wird hergestellt mit einer Durchsteckschraube und zwei Kopfschrauben. Die beiden Kopfschrauben werden 45 mm lang gemacht und fest mit dem entsprechenden Gabelkörper in das Zwischenstück eingeschraubt. Dann erst bohrt man das Loch für die Durchgangsschraube, wobei die ursprünglich ebenen Stirnflächen der Kopfschrauben die Form von Zylindermantelflächen erhalten. Sie umklammern die Durchsteckschraube und sind damit gegen ungewolltes Herausschrauben gesichert.

107. Fenstersprossenkreuz.

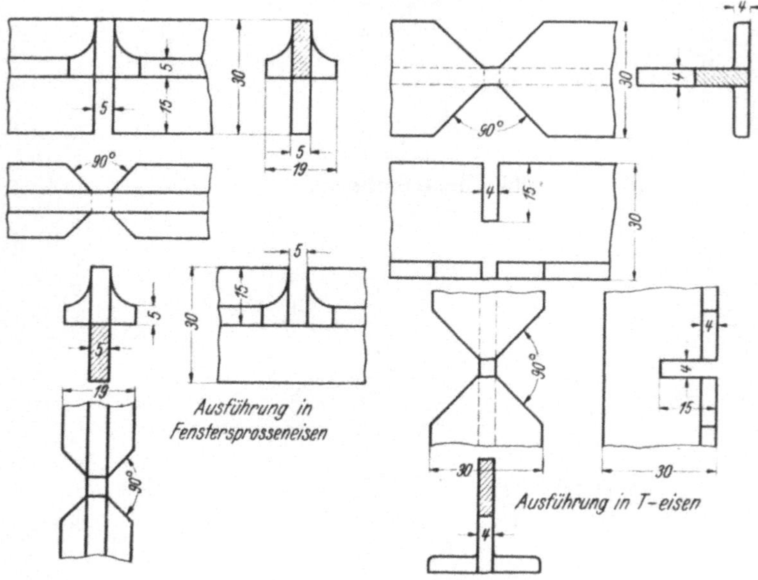

108. Flachstahlverbindung.

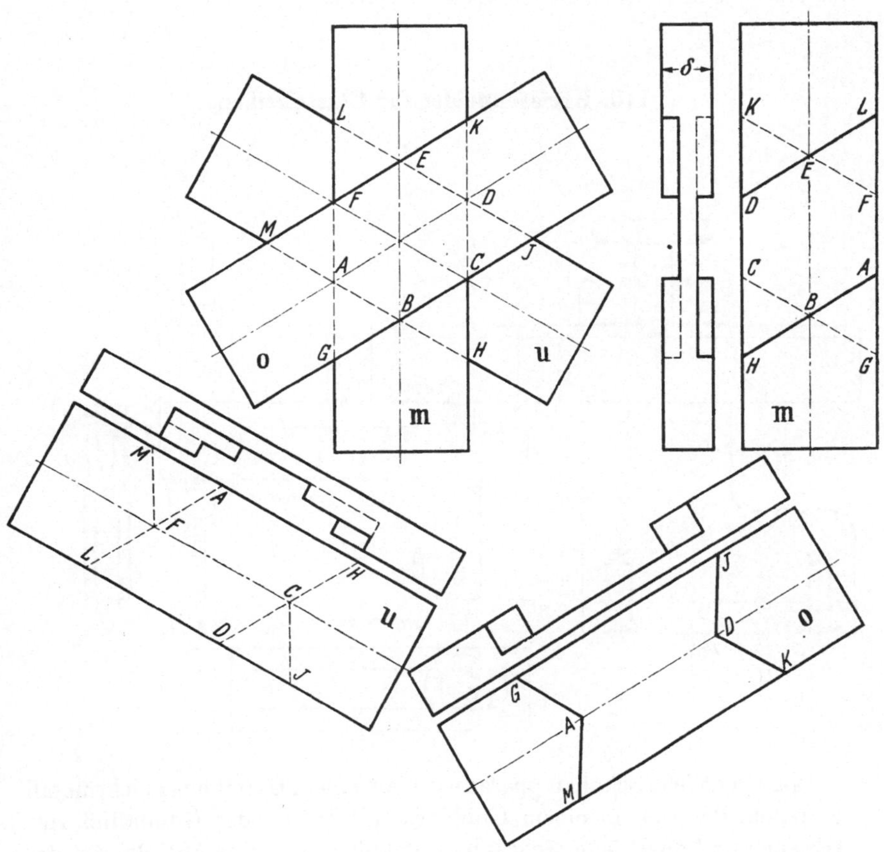

Es sei zunächst festgelegt: Stab o liegt oben, u unten, m in der Mitte.

Bei dem zusammengestellten Körper liegen übereinander:

im Sechseck $ABCDEF$ 3 Schichten, jede 5 mm dick

,,	Dreieck	ABG	1 Schicht	o	5 mm,	1 Schicht	m	10 mm dick,
,,	,,	BCH	1 ,,	m	10 ,,	1 ,,	u	5 ,, ,,
,,	,,	CDI	1 ,,	o	5 ,,	1 ,,	u	10 ,, ,,
,,	,,	DEK	1 ,,	o	5 ,,	1 ,,	m	10 ,, ,,
,,	,,	EFL	1 ,,	m	10 ,,	1 ,,	u	5 ,, ,,
,,	,,	AFM	1 ,,	o	5 ,,	1 ,,	u	10 ,, ,,

Nach dieser Feststellung lassen sich die Stäbe leicht zeichnen. Man fängt zweckmäßig mit dem Stab o an, dessen Ausschnitt in seiner ganzen

Ausdehnung die Stärke 5 mm hat. Es empfiehlt sich, den Stab *o* in der Zusammenstellung als erste Projektion zu nehmen und — wie dargestellt — die beiden anderen Projektionen dazuzuzeichnen. Bei den Stäben *m* und *u* wird in der gleichen Weise verfahren.

110. Kreisschneider für Glasscheiben.

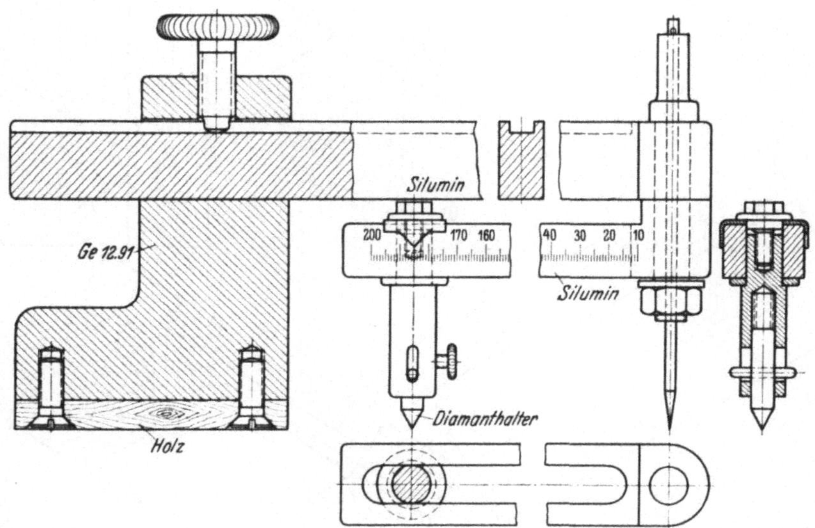

Der eigentliche Schneidapparat wird von einem Halter aus Leichtmetall getragen, der sich in einem Gußblock mit Holz- oder Gummifuß verschieben und durch eine Schraube feststellen läßt. Den Mittelpunkt der Glasscheibe erfaßt eine im Gleitsitz eingepaßte Nadel, um deren Achse sich der Träger des Schneiddiamanten drehen läßt. Der Halbmesser der auszuschneidenden Rundscheibe ist an der dargestellten Skala einzustellen. Der Diamant wird mit leichtem Federdruck gegen das Glas gedrückt.

111. Lampenhalter.

Der schwenkbare Werkstatt-Lampenhalter, wie er in der Abbildung der Aufgabe dargestellt ist, wiegt 15,5 kg und erfordert an Werkstoffkosten 5,75 DM, an Herstellungszeit 120 Minuten. Die Selbstkosten betragen 12 DM. Das Konstruktionsbüro hat für die Herstellung der Zeichnungen (eine Gruppen- und fünf Einzelteilzeichnungen) rund 24 Stunden benötigt.

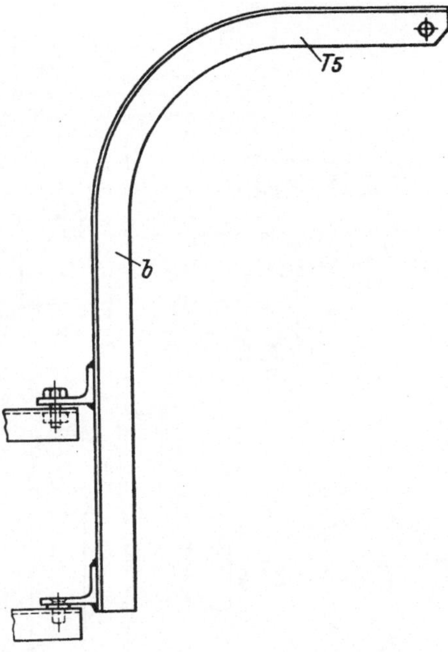

Der vereinfachte Lampenhalter — zweifellos weniger schön als der andere — besteht nur noch aus fünf sehr einfachen Teilen. Es beträgt:

der Werkstoffbedarf	9,6 kg
die Werkstoffkosten	1,60 DM
die Herstellungszeit	40 Minuten
die Selbstkosten	3,80 DM
die Arbeitszeit im Konstr.-Büro	8 Std.

Es ist bemerkenswert, daß bei dem einfachen Halter keinerlei Dreharbeit auszuführen ist.

117. Ölbremse.

Um den Einbau des Kolbens zu ermöglichen, muß der Zylinder einen Deckel bekommen. Eine Stopfbüchse ist erforderlich zur Abdichtung der Kolbenstange nach außen hin. Durch eine Anzahl Löcher im Kolben (parallel zur Achse) kann man die Verbindung zwischen beiden Kolbenseiten herstellen, wobei sich der Ölwiderstand durch ein auf den Kolben gelegtes, mit gleichen Löchern versehenes, drehbares Blech regulieren läßt. Das Blech muß nach der Einstellung festgeschraubt werden. Hierbei ist ein Regulieren von außen her nicht möglich.

Bei der dargestellten Ölbremse fließt das Öl durch einen seitlichen Verbindungskanal von einer Kolbenseite zur anderen. Die Stärke des

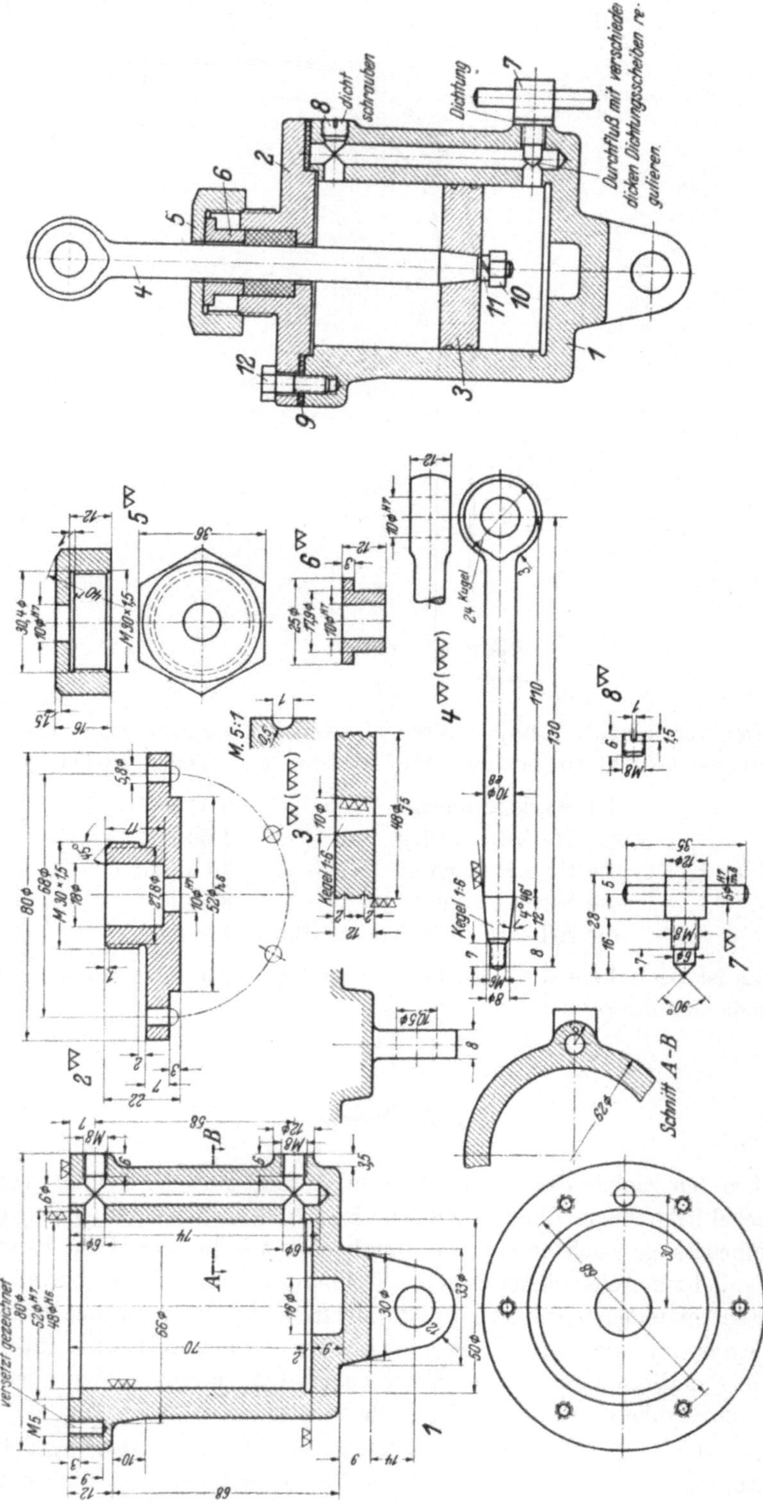

dicht
schrauben
Dichtung
Durchfluß mit verschieden dicken Dichtungsscheiben regulieren.
M. 5:1
Schnitt A-B
Kegel 1:6
Kugel
versetzt gezeichnet

Durchflußwiderstandes läßt sich durch eine Regulierschraube mit verschieden dicken Dichtungsscheiben einstellen. Damit nicht unnütz Öl abfließt, bringt man den Kolben vor dem Einregulieren in seine tiefste Lage.

119. Bohrknarre.

Lösung in Aufgabe 9 gegeben.

120. Keil für Absperrschieber.

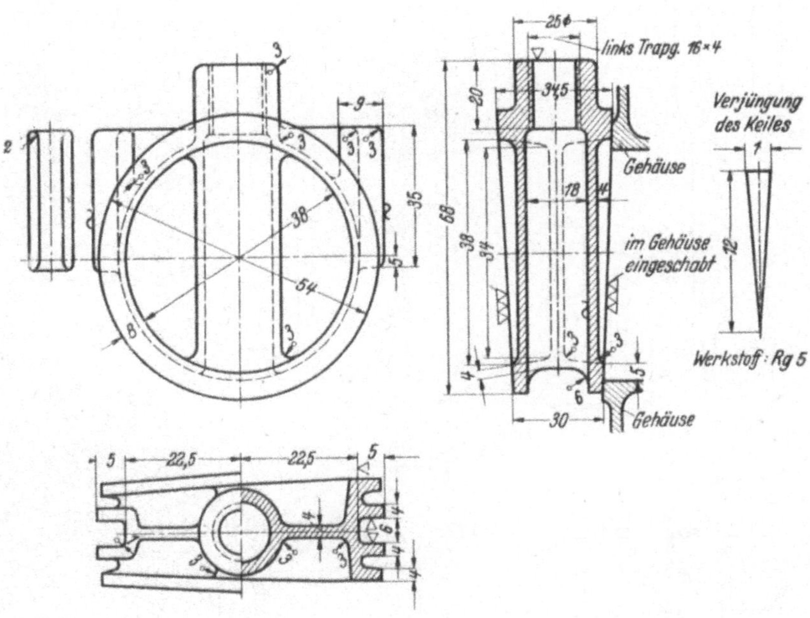

Das Muttergewinde für die Schieberspindel ist hier direkt in die Bohrung des Keils geschnitten. Das setzt genaue Achsenlage des Gewindes zu den beiden verjüngten Dichtungsflächen voraus. Jede Abweichung stellt die Dichtheit des Schiebers in Frage. Man macht deshalb gern die beiden Dichtungsflächen von der Lage der Spindelachse unabhängig, indem man eine besondere Mutter (mit viel Spiel in ihrer Fassung) in das Gehäuse einbaut. Das Gewinde soll linksgängig sein, damit der Keil bei Drehung der Spindel im Uhrzeigersinn nach unten geht. Drehung des Keils um seine Achse wird verhindert durch je eine Nute links und rechts am Keil, in die entsprechende Führungsleisten am Gehäuse eingreifen.

Die nicht parallele Lage der Dichtungsflächen ist für die Herstellung unangenehm und erschwert die Dichthaltung. Der Studierende möge darüber nachdenken, wie man bei einem zweiteiligen Dichtungsorgan mit parallelen Dichtungsflächen beim Niederschrauben den nötigen Dichtungsdruck erzeugen könnte.

126. Umstellung auf Schweißkonstruktion.

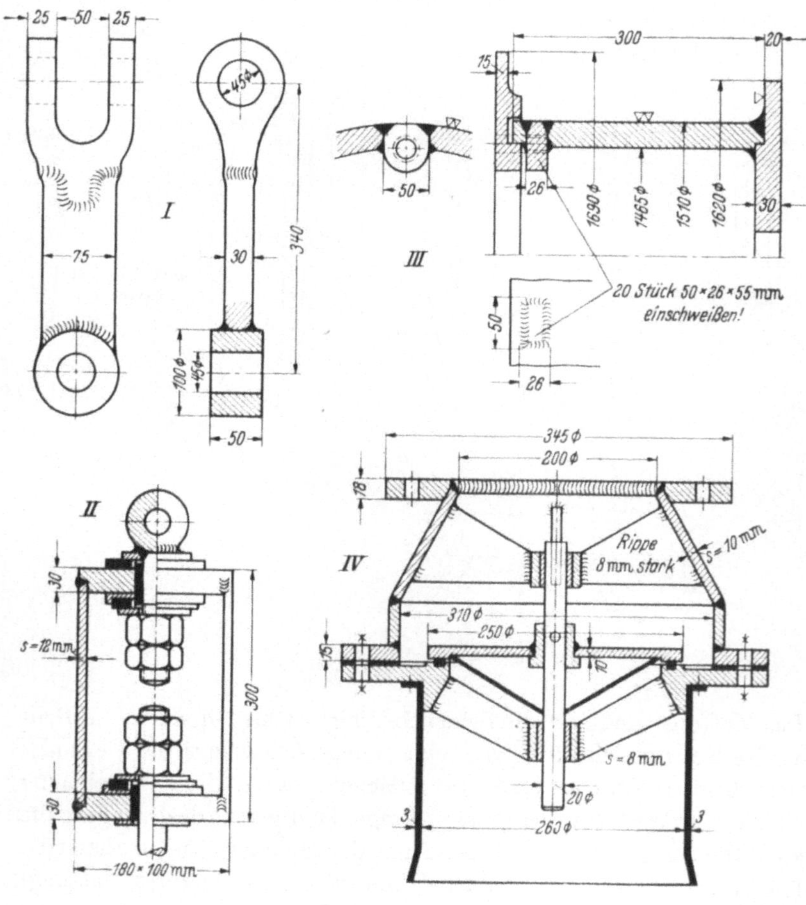

I. Verbindungsstück. Hier spricht alles für die Schweißkonstruktion. Sie ist formschöner, leichter, billiger in der Herstellung und günstiger in der Beanspruchung.

II. Aufhängevorrichtung. Auch hier bedeutet das Schweißen gegenüber dem Nieten eine beträchtliche Werkstoffersparnis, billigere Herstellung und mindestens die gleiche Festigkeit.

III. Schleifringkörper. Es handelt sich um eine Einzelherstellung. Diese etwas schwierige Schweißarbeit wird gegenüber dem ursprünglich geplanten Gußkörper dadurch gerechtfertigt, daß die Modellkosten fortfallen.

IV. Pumpen-Fußventil. Auch hier steht die Schweißarbeit dem Gießen gegenüber; sie rechtfertigt sich durch erhebliche Gewichtsersparnis.

Das Gußstück des Oberteils ist hier in 4 Einzelteile (2 Flanschen, ein zylindrisches, ein kegelförmiges Mantelstück) aufgeteilt. Die Flanschen und Führungsbüchsen werden wie üblich mit dem Schneidbrenner ausgeschnitten. An den Führungsstellen der Spindel werden Messingbüchsen eingesetzt, damit nicht Stahl auf Stahl läuft. Zur Erzielung einer günstigen Wasserführung wird unter dem Ventilteller ein Blechkegel eingeschweißt.

Bei dem Beispiel I tritt an die Stelle des Schmiedehammers die Schweiß- und Schneidflamme. Statt der beiden Flacheisen von je 25×100 mm wurde ein solches von 30×75 mm verwendet, was im vorliegenden Belastungsfalle zulässig war. Das Auge und die Gabel wurden aus Rundeisen bzw. Blechresten herausgeschnitten. Die dargestellte Nahtanordnung zwischen Gabel und Flacheisen wurde mit Rücksicht auf einen guten Kraftlinienfluß gewählt. Aus diesem Grunde ist es auch nötig, einen allmählichen Übergang von der Gabel zum Blech zu schaffen. Ein Vergleich beider Herstellungsarten entscheidet schon rein äußerlich zugunsten der geschweißten Ausführung.

Die gemäß einer älteren Zeichnung in Abb. II angeführte Aufhängevorrichtung sollte ursprünglich genietet werden. Daß es zweckmäßiger und einfacher war, sie zu schweißen, geht aus der Abb. deutlich hervor. Im oberen Teil fällt das zur Nietung eingesetzte notwendige U-Eisenstück weg, und unten wird der umgebogene Teil des 12-mm-Bleches erspart. Für die Schweißung selbst wurden die 30-mm-Kopfstücke 12 mm tief bis auf halbe Blechstärke abgesetzt und dadurch die gleichstarken Materialenden erreicht, die für eine gute Schweißverbindung angestrebt werden müssen. Die Aufhängeöse wurde nach dem Anbringen des Flacheisenringes auf dem Gewindebolzen mittels Kehlnaht aufgesetzt.

Wenn es sich im Betriebe um die einmalige Ausführung eines Werkstückes in gegossener Form handelt, wird man sich immer die Frage vorlegen müssen, ob es nicht zweckmäßig ist, mit Rücksicht auf die Vermeidung von Modellkosten und Lieferungsschwierigkeiten zur geschweißten Ausführung überzugehen. Diese Überlegung war auch für die Herstellung des hier gezeigten Schleifringkörpers maßgebend (Abb. III). Die äußeren Abmessungen und Blechstärken mußten unverändert bleiben. Zur zentrischen Sicherung des ebenfalls geschweißten zylindrischen Mantels (1510 mm äußerer Durchmesser) wurden Mantel und Seitenblech, wie aus der Skizze ersichtlich, vorbereitet. Für die Durchführung der Schweißarbeit wurde das Seitenblech auf eine ebene Platte gespannt und dann der Zylinder aufgesetzt. Durch zwei Schweißerpaare, die (um 180° versetzt) unter bester Wärmeausnützung gleichzeitig die äußere und innere Kehlnaht herstellten, erreichte man eine einwandfreie Schweißarbeit. Es ist noch auf das Anbringen der 20 Augen für die Deckelschrauben hinzuweisen, was mittels Schlitzschweißung geschah, d. h. die autogen ausgeschnittenen Augen wurden in gleich große, in den Mantel gebrannte Schlitze eingesetzt und verschweißt (Abb. links). Nach der Beendigung der Schweißarbeit erfolgte auf Drehbank und Bohrwerk die weitere Bearbeitung.

In Abb. IV der Aufgabe sehen wir ein Fußventil für eine Pumpensaugleitung in der normalen gegossenen Ausführung. Für das Schweißen des Ventils stellt die Abb. IV eine Möglichkeit dar. Die ununterbrochenen Gußwandungen werden in Einzelbleche, Blechzylinder und Kegel aufgeteilt und an den sich ergebenden Stoßstellen zusammengeschweißt, wobei eine möglichst günstige Nahtanordnung zu suchen ist. An Stelle der direkten Rippenanschweißung an das Gehäuse käme im Oberteil auch Schlitzschweißung in Frage, während zur Gewährleistung von besonders genauer Arbeit für die Rippen des Unterteils im Flanschstück Nuten vorgesehen werden können. Die Anschlußnaht des oberen Flansches ist nach innen verlegt, um eine V-Naht zu erhalten. Die Führungsbüchsen und die Flanschen werden wie üblich mit dem Schneidbrenner ausgeschnitten. Damit nicht Eisen auf Eisen läuft, mußten die Führungsstellen für die Spindel mit Büchsen versehen und dementsprechend stärker ausgebildet werden. Zur Erzielung einer günstigen Wasserführung wurde in den Ventilteller ein Blechkegel eingeschweißt. Die erreichte Gewichtsersparnis ist bei einem Vergleich beider Anordnungen deutlich erkennbar.

127. Doppelkegelkupplung.

Die Kupplung ist ausgezeichnet; sie wird aber nur noch wenig angewendet, weil es billigere Kupplungen gibt. Es wäre zu überlegen, ob man nicht statt der üblichen Vierkantschraubenbolzen billigere Rundbolzen in runden Löchern nehmen sollte. Durch die Verspannung der beiden geschlitzten Hohlkegel zwischen Wellen und Hülse erreicht man eine sichere Verbindung. Die Federn bilden nur noch eine besondere Sicherung gegen Verdrehen.

127. Doppelkegelkupplung.

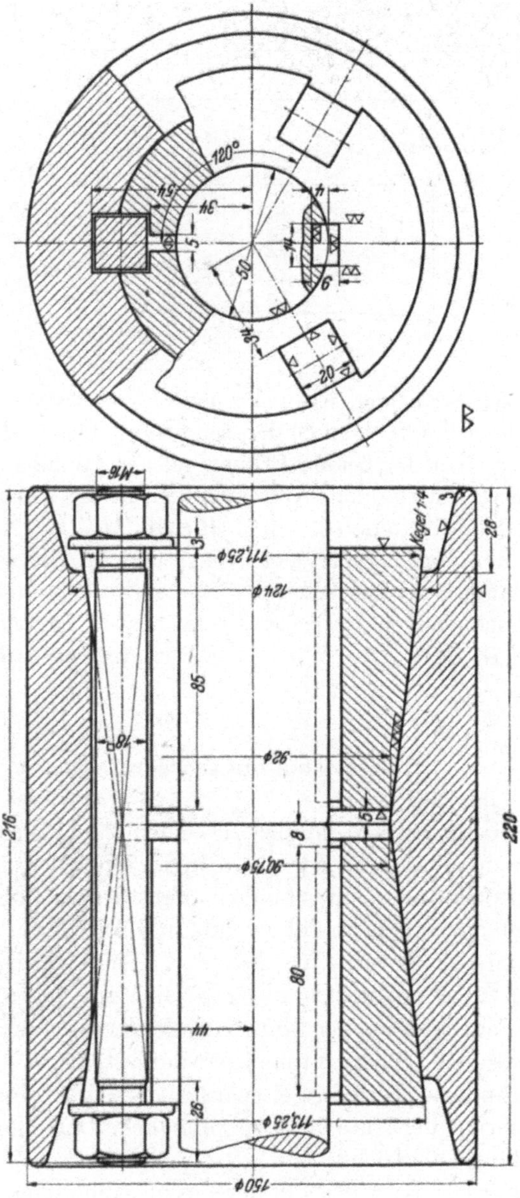

129. Winkel zweier Ebenen an der Ecke eines Ofenherdes.

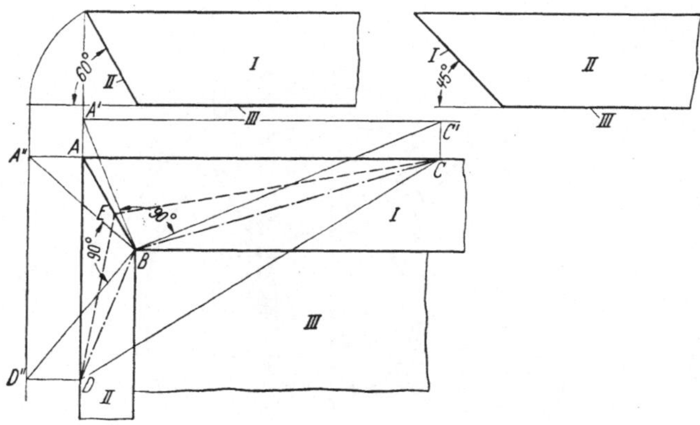

Der Winkel der beiden Ebenen *I* und *II* ist festgelegt durch Senkrechte in einem Punkt (hier *B*) der Schnittgeraden *A—B* beider Ebenen auf ihr, in je einer der beiden Ebenen gelegen (Winkel *C B D*). Er wird erhalten durch Umklappung von *I* und *II* in die Ebene von *III*, Errichten der Senkrechten *B C'* auf *A' B* und *B D''* auf *A'' B* und Rückführung in die ursprüngliche Lage von *I* und *II*. Die wahre Größe des schief im Raum liegenden Winkels *C B D* ergibt sich mit der Konstruktion des gleichnamigen Dreiecks. Dessen wahre Seitenlängen sind gegeben mit *C D*, *B C'*, *B D''*. Winkel *C E D* ist der gesuchte.

130. Prisma mit schräger Nute.

Es muß erkannt werden, daß sich die beiden Stirnflächen der nach allen Richtungen hin schräg stehenden Nute in der Draufsicht nicht als Rechtecke, sondern als Rhomboide abbilden. Man wird wie folgt verfahren:

1. Darstellung des Körpers ohne Nute in 3 Ansichten.

2. Drehung des Körpers um Kante *A* (Seitenansicht), so daß die Nutenfläche zur Vorderansichtebene parallel zu stehen kommt. Dann stehen die Seitenflächen der Nute zur Vorderansichtebene senkrecht, bilden sich also als Linien ab (punktiert dargestellt).

3. Einzeichnen der Nute in Seitenansicht und Vorderansicht.

4. Rückführung der Nute in die ursprüngliche Darstellung der Vorderansicht und der Draufsicht.

Bemerkung: Der Körper ist in der Lösungsabbildung durch Drehung parallel zur Vorderansichtebene noch in eine Lage gebracht (dünn gezeichnet), in der die Längskanten der Nute zur Draufsichtebene senkrecht stehen. Dann bildet sich die Nute in der Draufsichtebene als Rechteck ab.

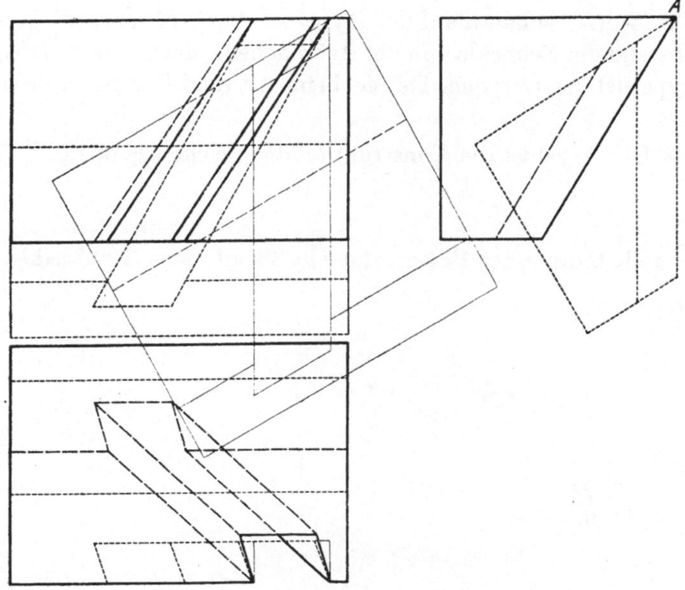

132. Kegeldrehen.

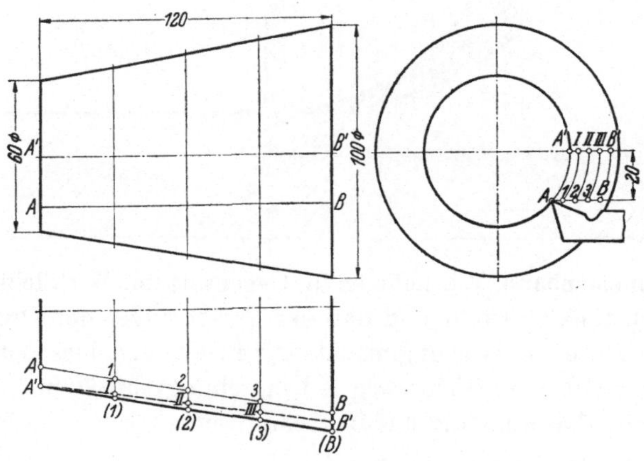

Die Schneide des Werkzeugs wird bei A auf den Durchmesser 60 mm eingestellt; sie durchläuft die geradlinige Bahn A—B parallel zu der gewünschten Mantellinie $A'(B)$. Den Punkten 1, 2, 3 der Schneidenbahn in der Draufsicht entsprechen gleichbenannte in der Seitenansicht. Beim Drehen durchlaufen die Punkte A, 1, 2, 3, B Kreisbogen und ergeben in der Seitenansicht auf der Mantellinie des Drehkörpers die Punkte A' I, II, III, B', denen gleichbenannte Punkte in der Draufsicht entsprechen. Diese Punkte liegen also nicht — wie gewünscht — auf der Geraden A',

(*1*), (*2*), (*3*), (*B*), sondern auf der Hyperbel A', I, II, III, B'. Je kleiner der Abstand der Schneide von der Achsenebene, um so mehr nähert sich die Hyperbel der Geraden, bis sie beim Abstand 0 ganz in diese über-geht.

Beim Hohlkegel ist die Konstruktion die gleiche wie oben.

133. Bahn einer Fräserschneide. Profil eines Rundstahls.

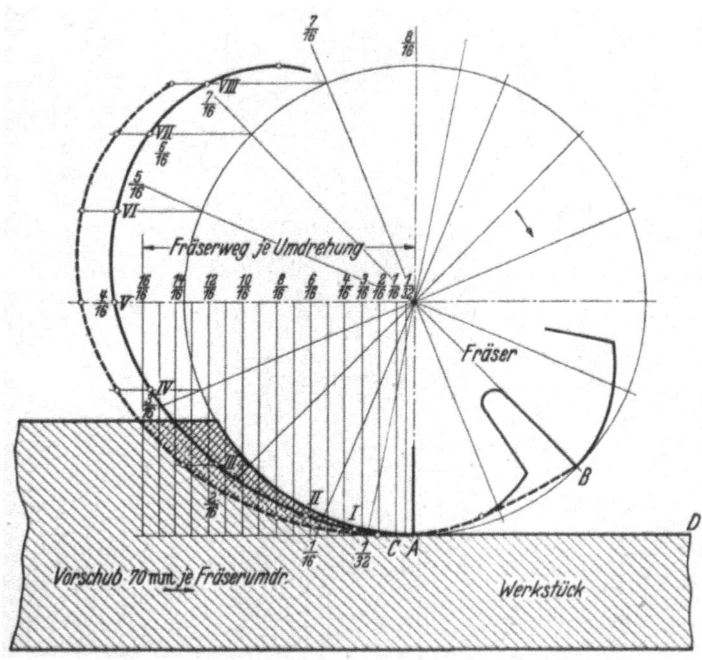

a) Schneidenbahn. Wir nehmen im Gegensatz zur Wirklichkeit an, daß das Werkstück stillsteht und daß der Fräser außer der Drehbewegung auch die Vorschubbewegung macht. Zur Erlangung eines deutlichen Bil-des ist der Vorschub (Fräserweg je Umdrehung) mit 70 mm übertrieben dargestellt. Fräserumfang und Vorschub werden je in eine beliebige An-zahl gleicher Teile eingeteilt. Bei $\frac{1}{32}$ Fräserumdrehung ist die Schneide A gleichzeitig um $\frac{1}{32}$ des Vorschubs seitlich weitergerückt, bei $\frac{1}{16}$ der Um-drehung um $\frac{1}{16}$ des Vorschubs usw. Es ergibt sich als Bahn der Schneide die Zykloide A—I—II—III.... Punkt B durchläuft gleichfalls eine Zy-kloide, die der anderen kongruent, aber gegen sie seitlich verschoben ist. Sie schneidet die Bahn des Punktes A im Punkte C, der etwas oberhalb der Geraden A—D liegt. Somit ergibt sich beim Walzfräsen keine glatte, sondern eine gewellte Fläche.

b) Profil eines Rundstahls. Der gesuchte Achsenschnitt A—B des Rundstahls wird gefunden, indem man in der Draufsicht auf der Schneidenbrust eine Anzahl Sehnen (1—5) zieht und diese in der Vorderansicht auf kreisförmigen Bahnen in die Ebene A—B überführt. Sie kommen dann in die Lagen I bis V und legen durch Rückprojektion in die Draufsicht dort das gewünschte Profil fest.

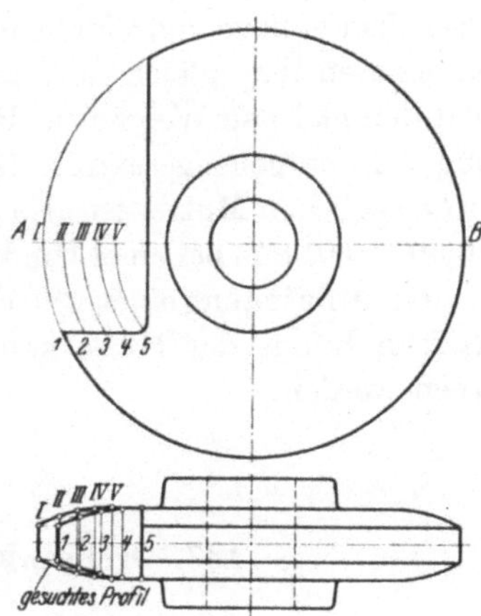

136. Differentialschraube.

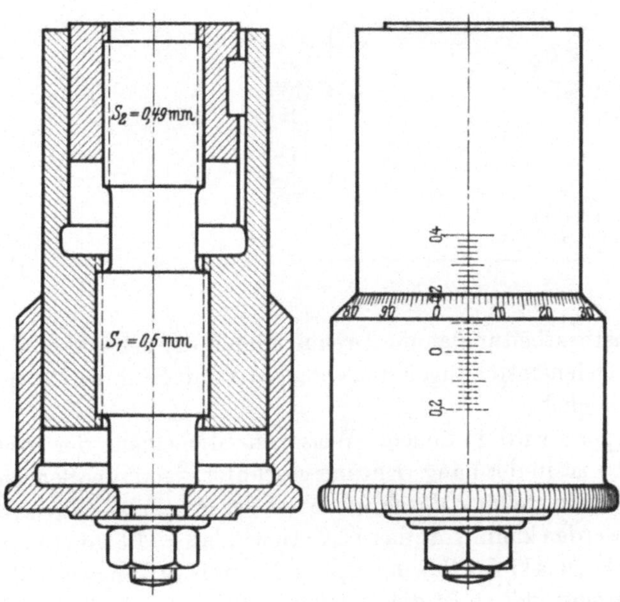

Die Differentialschraube hat auf einer Spindel 2 gleichsinnige Gewinde mit geringem Steigungsunterschied. Das eine Gewinde läuft in fester Mutter, das andere in axial beweglicher, aber nicht drehbarer Mutter.

Bei einer vollen Umdrehung der Spindel macht sie in der festen Mutter den axialen Weg gleich der Steigung s_1. Die bewegliche Mutter kann nicht den gleichen Weg zurücklegen, weil sie sich um das Maß der Steigung s_2 in entgegengesetzter Richtung bewegen muß. Der Gesamtweg der beweglichen Mutter ist also $s = s_1 - s_2$, in unserem Beispiel $s = 0,50 - 0,49 = 0,01$ mm bei einer Umdrehung der Spindel.

Durch Anbringung einer 100 teiligen Mikrometerteilung auf dem kegelförmigen Rande der Hülse kann das Maß s noch einmal in 100 Teile zerlegt werden.

137. Drehwerkzeug-Feineinstellung.

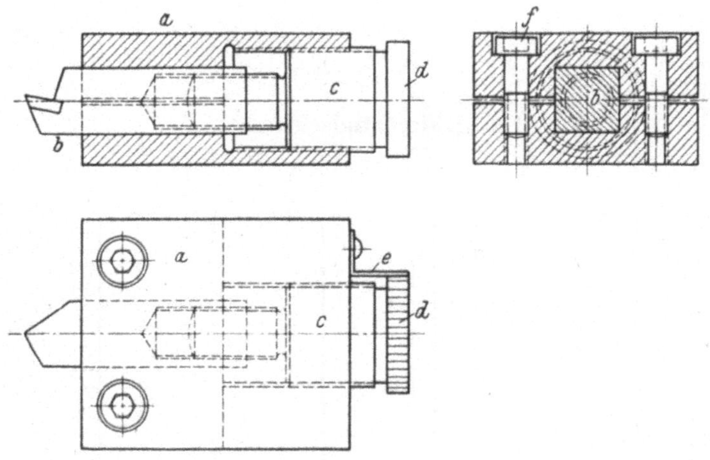

Bei Feinstbearbeitung an der Drehbank muß der Schneidstahl besonders feine Tiefeneinstellungen zulassen. Das ist mit Hilfe der Differentialschraube möglich.

Der Körper a wird in üblicher Weise im Stichelhaus der Drehbank befestigt. Er ist in der Längsrichtung geschlitzt, damit der Schneidstahl nach der Feineinstellung durch Anziehen der Schraube f unverrückbar festgelegt werden kann. Hat das große Gewinde $s_g = 1,5$ mm (metrisches Feingewinde), das kleine Gewinde $s_k = 1,337$ mm (19 Gänge je Zoll, Whitworth-Rohrgewinde), so ist die Tiefeneinstellung der Werkzeugschneide je Umdrehung der Spindel $s = s_g - s_k = 1,500 - 1,337 = 0,163$ mm. Wird der Meßkopf d von etwa 28 mm Durchmesser am Umfang in 32 gleiche Teile eingeteilt, so entspricht jedem Teil mit der gut erkennbaren Weite von 2,75 mm ein Schneidenvorschub von 0,005 mm. Diese Einstellgenauigkeit läßt sich erreichen.

140. Gußstücke.

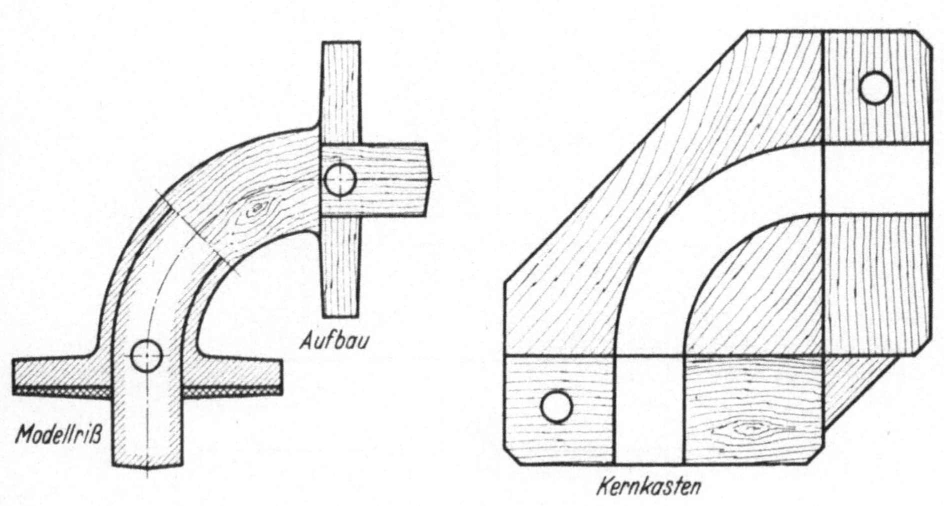

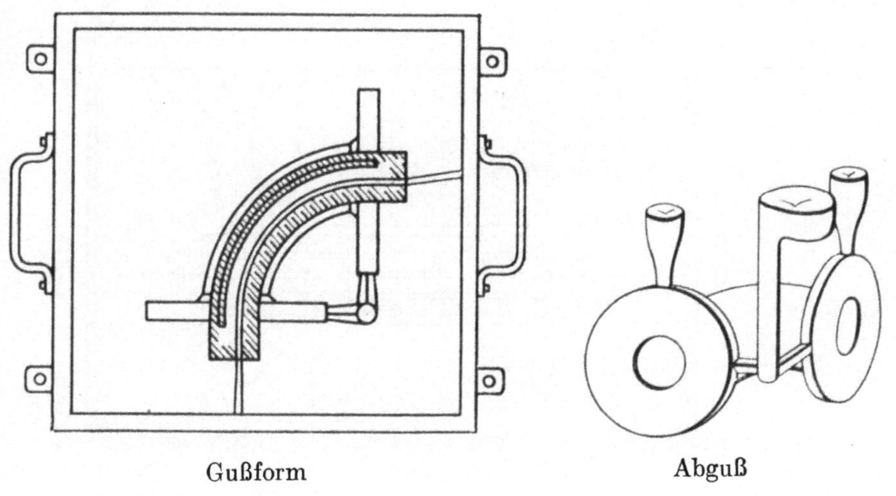

Gußform   Abguß

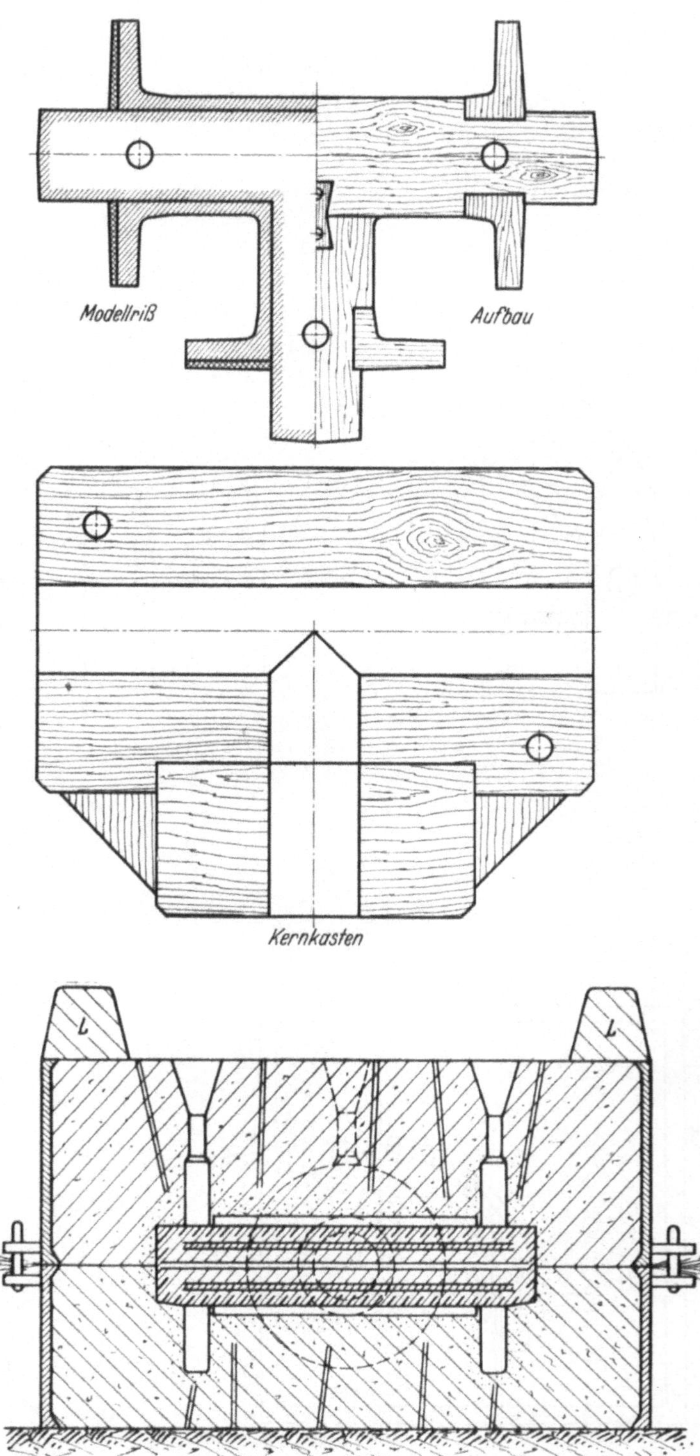
Modellriß
Aufbau
Kernkasten
Gußform
L
L

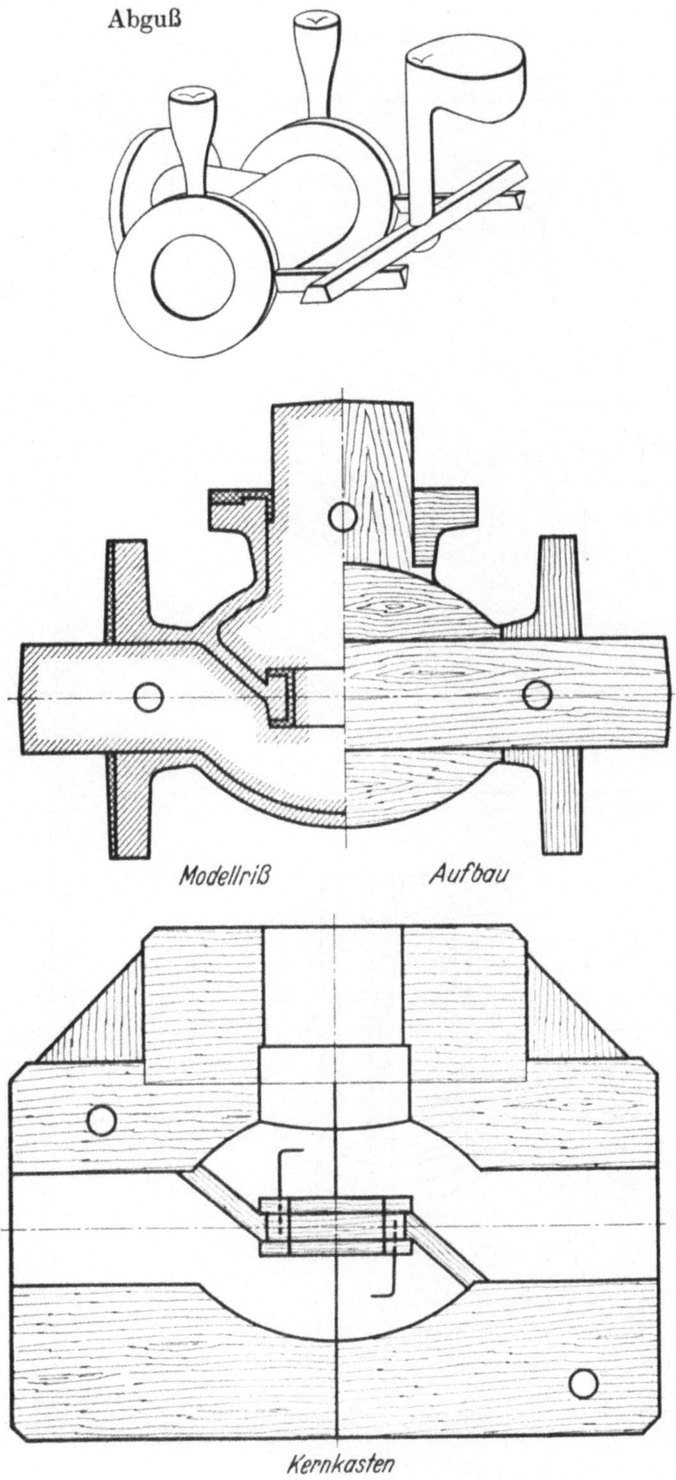
Abguß
Modellriß
Aufbau
Kernkasten

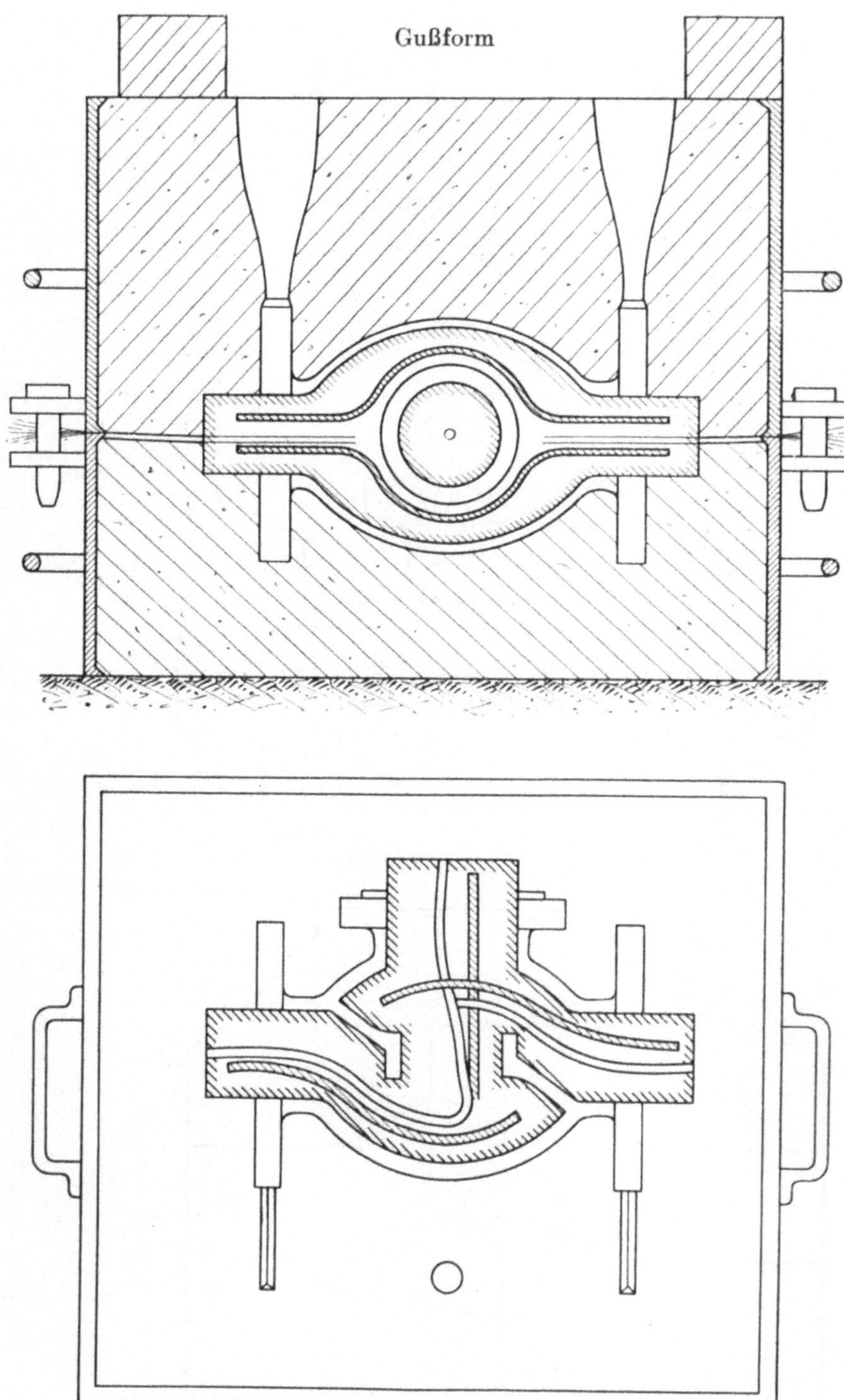

170

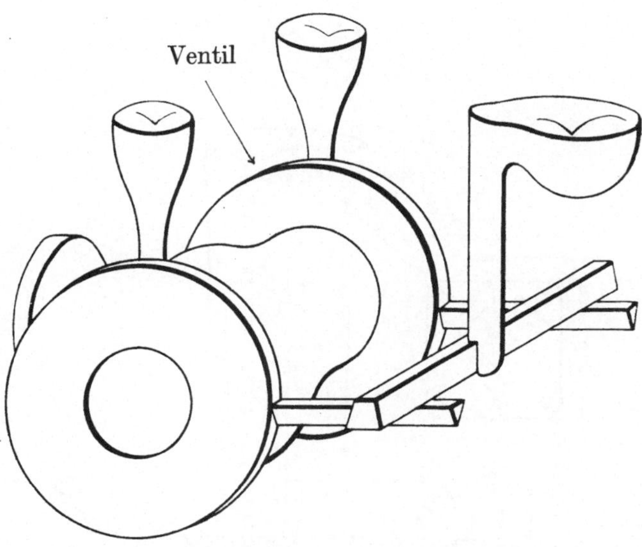

Es ist wichtig, daß der werdende Maschineningenieur sich mit den Belangen der Modelltischlerei und der Gießerei gründlich vertraut macht. Er muß die Formpraxis kennen, damit er seine Gußstücke so gestalten kann, daß sie überhaupt eingeformt und möglichst leicht eingeformt werden können. Er soll auch wissen, auf welche Weise Fehlgüsse entstehen, um fehlerhafte Stücke prüfen und ausscheiden zu können, bevor sie mit Lohnkosten für die Bearbeitung belastet werden.

Es empfiehlt sich, daß an den Ingenieurschulen möglichst viele Gußstücke in ihrem Modellaufbau und in ihrer Herstellung in der Gießerei gründlich durchdacht und gezeichnet werden.

142. Einstellbares Windeisen.

Die Idee, entsprechend der Zeichnung alle Vierkantgrößen von $3 \div 16$ mm Vierkant mit *einem* Windeisen zu erfassen, hat etwas Bestechendes, doch wird das Werkzeug in der Ausführung reichlich teuer und in der Handhabung zu schwer. Es bleibt auch abzuwarten, ob bei längerem Gebrauch die Gleitkörper bei jeder Vierkantstellung während des Drehaktes ihre Lage unverändert einhalten werden; das aber ist Vorbedingung für die Gebrauchfähigkeit.

Als Konstruktionsübung recht gut, auch wenn eine Ausführung nicht zweckmäßig erscheint.

142. Einstellbares Windeisen.

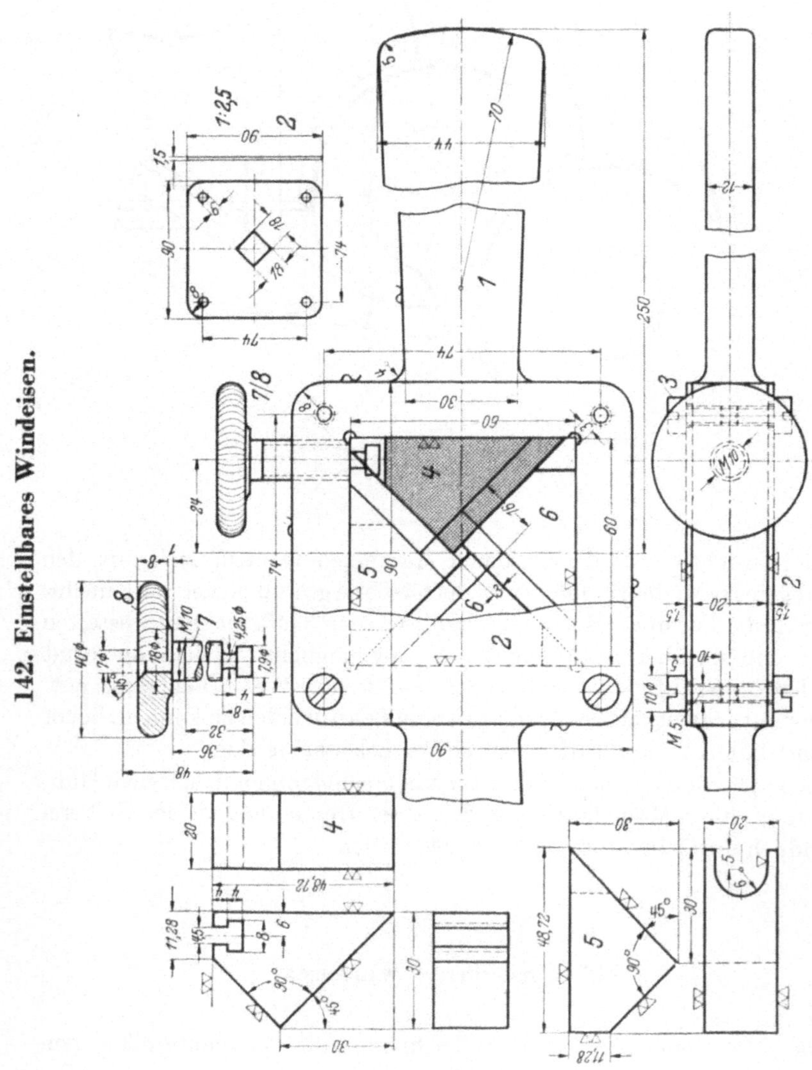

Stückliste.

Stückzahl	Benennungen u. Bemerkungen	Teil	Werkstoff und Rohmaße	Lager-Nr.	Modell-Nr.
1	Schraubenkopf (kordeln)	8	St 00.11 42 ∅, 10 dick		
1	Stellschraube M 10; 48 lg; in Kopf einnieten	7	St 38.81 12 ∅, 50 lg		
2	Gleitkörper ohne Nute, ohne Aussparung; härten	6	Werkzeugstahl 32 × 50 × 22		
1	Gleitkörper mit Aussparung; härten	5	Werkzeugstahl 32 × 50 × 22		
1	Gleitkörper mit ⊥-nute; härten	4	Werkzeugstahl 32 × 50 × 22		
8	Zylinderkopfschraube M 5; 10 lg	3	St 38.13		
2	Deckblech	2	Stahlblech 91 × 91 × 1,5		
1	Windeisen-Hauptkörper	1	Stg 38.13		W 1

Änderungen

	Datum	Name		Datum	Name	
Gezeichnet	24.1.48	*Bhff.*	Normgepr.	25.1.48	*Bhff.*	R. Becker & Co. Maschinenfabrik Berlin
Geprüft	25.1.48	*Bhff.*	Gesehen			

Maßstab:

Einstellbares Windeisen

Ersatz für:

Ersetzt durch:

144. Bohrvorrichtung für Ringmutter.

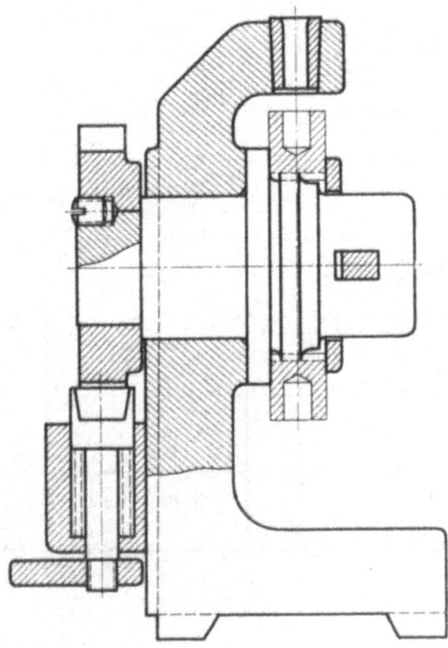

Sinn einer Bohrvorrichtung: Herstellung von bezüglich der Bohrungen unter sich gleichen und genauen Werkstücken durch angelernte Arbeiter unter Fortfall des Anreißens.

Anforderungen an eine Bohrvorrichtung:

1. Genaue eindeutige Festlegung des Werkstücks in der Vorrichtung.

2. Ein- und Ausspannen des Werkstücks mit möglichst wenig Handgriffen in denkbar kürzester Zeit.

3. Keine Formänderung des Werkstückes durch Verspannen.

4. Möglichst geringes Gewicht und leichte Handhabung der V.

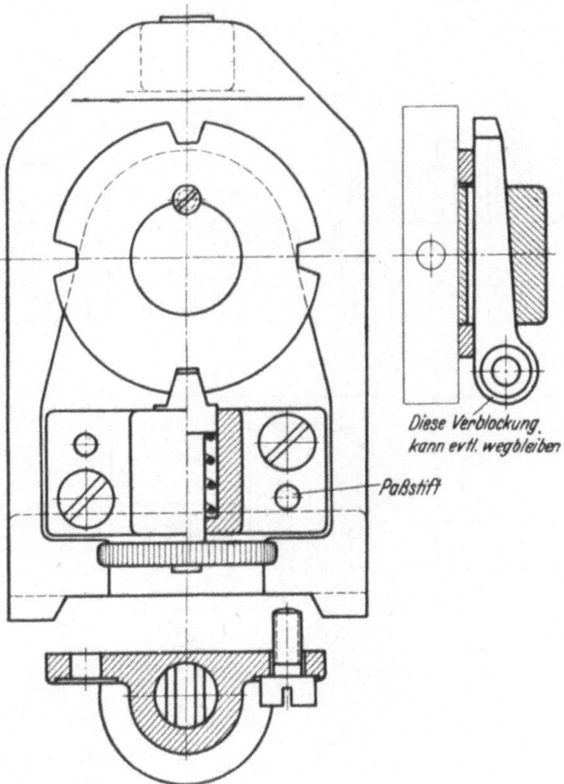

5. Ungehinderter Abfluß der Späne und des Kühlwassers. Leichte Reinhaltung der Vorrichtung.

6. Unfallsicherheit.

7. Möglichst geringe Herstellungskosten.

Die Ringmutter ist bis auf das Bohren fertig bearbeitet. Die Aufnahme erfolgt auf dem kurzen Gewinde eines im Gehäuse drehbaren Dorns. Anlage an einem Bund des Dorns. In der Zeichnung ist noch eine Verblockung des Werkstücks mit einem Vorsteckkeil vorgesehen. Ihre Anbringung wird wahrscheinlich nicht notwendig sein.

Die Lage der Löcher wird festgestellt durch eine auf dem Bolzen befindliche Rastenscheibe mit 4 trapezförmigen Nuten. Ein in die Nuten eingreifender, durch Fingerdruck leicht ausklinkbarer Federbolzen sichert die jeweilige Lage. Vier angegossene Füße geben der Vorrichtung die nötige Standsicherheit.

145. Bohrvorrichtung für eine Paßfeder.

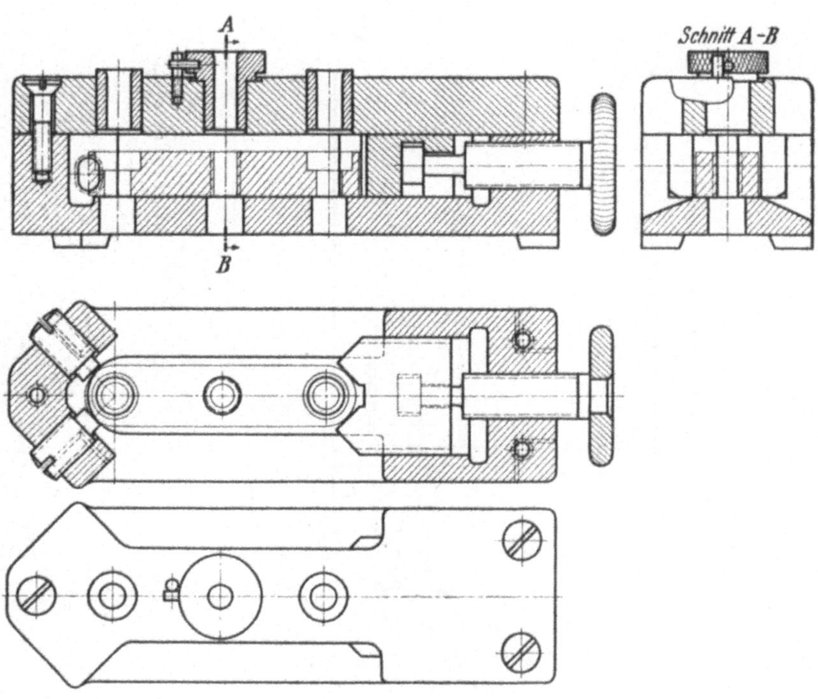

Die Feder ruht auf einer bearbeiteten Fläche. Sie legt sich links gegen
die Stirnflächen zweier Schraubenköpfe und wird rechts durch ein ver-
stellbares Gleitstück gefaßt und festgespannt. Das Gleitstück ist so
sicher abgedeckt, daß seine Beweglichkeit durch einfallende Späne nicht
gestört werden kann. Der Deckel mit den Bohrbüchsen ist fest aufge-
schraubt. Es empfiehlt sich nicht, ihn aufklappbar zu machen, weil die
Gelenke leicht ausleiern. Die mittlere Bohrbüchse muß wegen des Gewindes herausnehmbar sein. Die Aussenkung der beiden anderen Löcher
wird außerhalb der Vorrichtung vorgenommen.

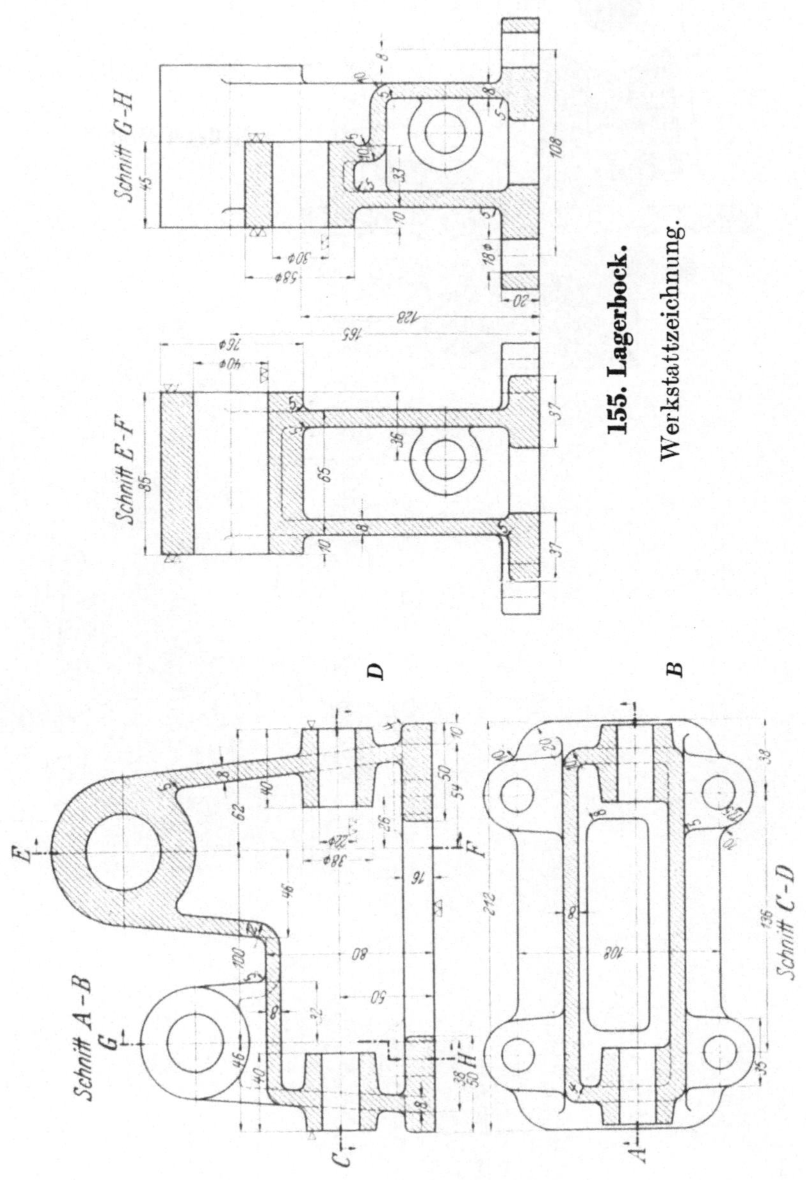

155. Lagerbock.

Werkstattzeichnung.

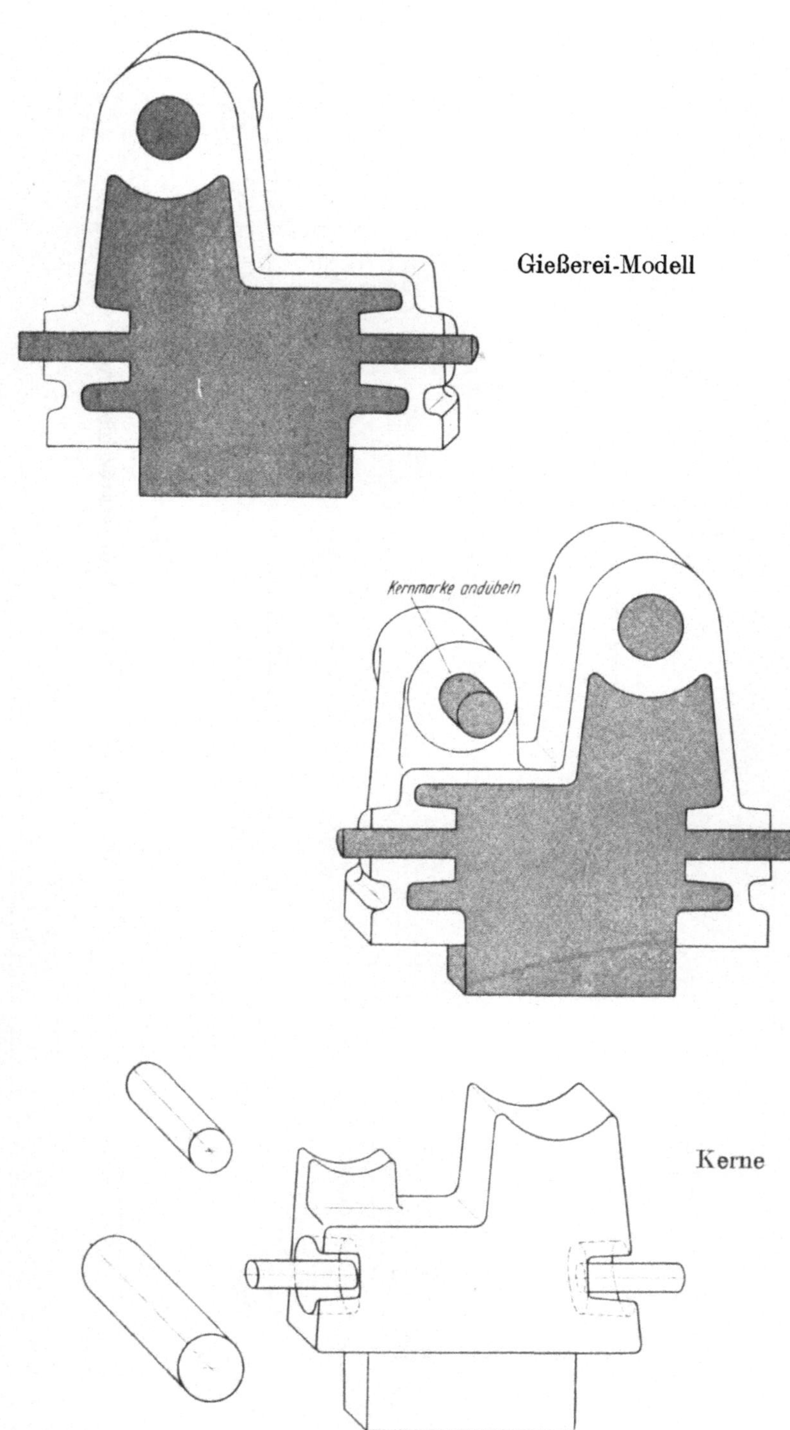

Gießerei-Modell
Kernmarke andübeln
Kerne

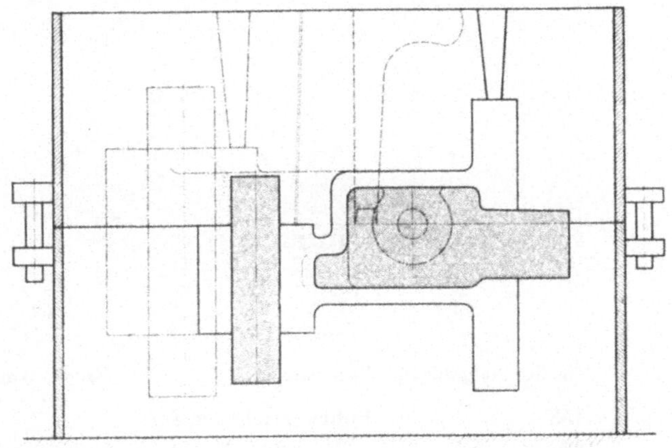

Gießfertige
Form (ohne
Belastungs-
gewichte)

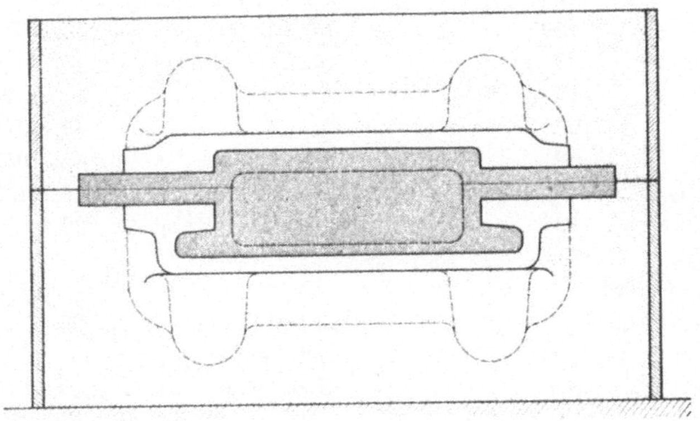

Anrisse für die Bearbeitung

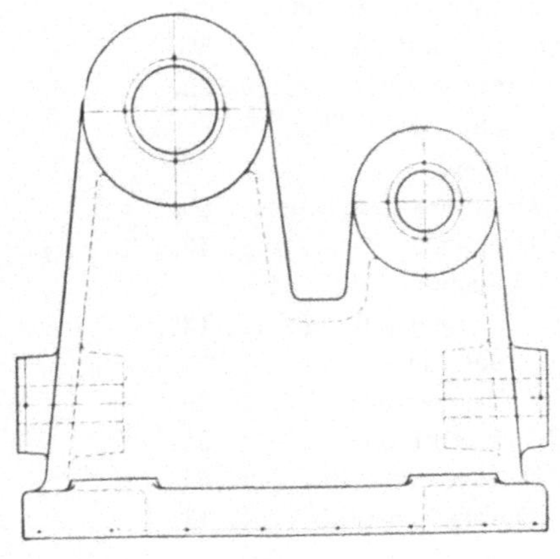

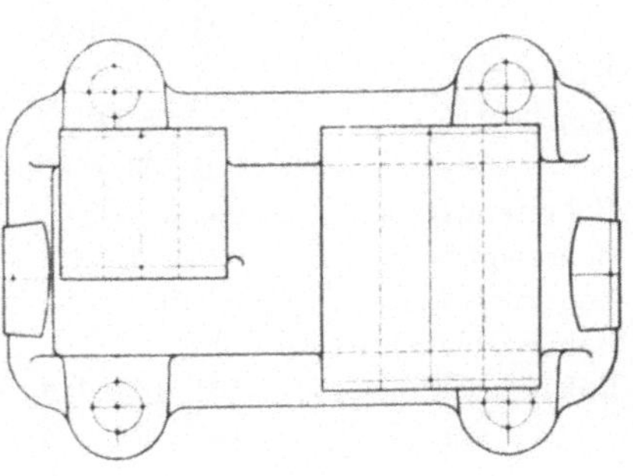